U0313602

栖居在花园里

理想的花园风格设计

[英] 塞利娜·莱克（Selina Lake） 著

周洋 译

华中科技大学出版社
http://www.hustp.com
中国·武汉

图书在版编目（CIP）数据

栖居在花园里：理想的花园风格设计/（英）塞利娜·莱克（Selina Lake）著；周洋译.
—武汉：华中科技大学出版社，2019.1

（漫时光）

ISBN 978-7-5680-4703-6

Ⅰ.①栖… Ⅱ.①塞…②周… Ⅲ.①花园-园林设计 Ⅳ.①TU986.2

中国版本图书馆CIP数据核字（2018）第284659号

First published in the United Kingdom in 2018
under the title Garden Style by Ryland Peters & Small, 20-21
Jockey's Fields, London WC1R 4BW.
All rights reserved.

本书简体中文版由Ryland Peters & Small授权华中科技大学出版社在中华人民共和国境内（但不含香港、澳门、台湾地区）独家出版、发行。

湖北省版权局著作权合同登记 图字：17-2018-313号

栖居在花园里：理想的花园风格设计
QIJU ZAI HUAYUAN LI: LIXIANG DE HUAYUAN FENGGE SHEJI

［英］塞利娜·莱克 著
周洋 译

出版发行：华中科技大学出版社（中国·武汉）	电话：(027)81321913	
武汉市东湖新技术开发区华工科技园	邮编：430223	

责任编辑：赵 萌	美术编辑：赵 娜	
责任校对：王 娜	责任监印：朱 玢	

印　　刷：武汉精一佳印刷有限公司
开　　本：710 mm×1000 mm 1/16
印　　张：10
字　　数：144千字
版　　次：2019年1月 第1版 第1次印刷
定　　价：59.80 元

投稿邮箱：zhaomeng@hustp.com
本书若有印装质量问题，请向出版社营销中心调换
全国免费服务热线：400-6679-118 竭诚为您服务

目 录

花园中的一切都赏心悦目

　　无论你是钟情于英式乡村花园（对页左上图）还是清爽的北欧城市花园，本书将向你展示如何充分利用每一寸户外空间。在打造尽享户外生活的休闲区方面，有大量富有启发性的例子（本页图和对页右上图）。书中介绍了温室、花园小屋与凉亭（对页右下图），并深入描述了如何利用自家种植的鲜花将花园引入室内（对页左下图）。也许本书还会激发你自己种蔬菜，然后整个夏天都可在花园餐厅里享用它们。

导　言

　　我生命中最愉快的时光是在花园中度过的。当我还是个小女孩时，我父母的花园就是我和妹妹艾梅的游乐场：我们在温室中搭建小屋，用妈妈的玫瑰花制作"香水"，并跟着爸爸忙前忙后做花园中的琐事。当我和老公购买首套住房时，我们接手了一块被遗忘已久的地，后来我们又把它建造成花园，这段经历很美好。尽管我对植物和在花境中工作的喜爱与日俱增，但是设计花园才是我最喜欢的事。利用植物、花盆、灯具以及我收藏的那些"园艺老物件"装点我们的花园，是一件令我快乐的事，同时这样做也拓展了我们的生活空间。

　　在本书中，我会分享一些窍门，教你如何在花园的不同区域，比如户外生活空间、露天餐厅甚至是简陋的花园小屋里，打造出时尚感。留意我的设计窍门、简单的项目与我最喜欢的植物的细节，也许你自己也能种植它们了。无论你所面对的户外空间大小与形状如何，我希望这本书能激发你尽自己所能地利用任何室外空间，打造一处既美观又让人放松的休闲之地。

花园灵感

我的花园情绪板

　　尽管我家的花园一年四季风格多变，一年四季娇美的花朵都能给我带来灵感。我很喜欢逛园艺中心或花店，也喜欢通过社交媒体浏览与花园相关的图片。

我喜爱的花园

寻求花园灵感的最佳地点

对我来说，打发闲暇时光的最佳方式就是在阳光和煦的日子里，到美丽的花园中散步，我总会带上相机，拍拍植物、花朵和其他给我灵感的东西。虽然我喜欢观察配植的植物，但是一些细节之处是最有意趣的。比如用来支撑植物生长的架子——它们用了什么材质，采用了哪种风格，与花园的其他部分是否协调？如果有机会一睹花园魔法幕后的奥妙，了解花园小屋或者温室花房，我一定不会错过。

有很多让人惊叹的花园，它们有些对公众开放，有些是邻居或者朋友的私人花园，另外有些则只能从电视上一睹芳容。倘若机缘巧合，有机会观赏从未踏足的花园，那就好好欣赏一番吧。

杜乐丽花园

杜乐丽花园是巴黎的一处公园，位于罗浮宫博物馆附近，塞纳河河畔，布局为法式正统花园风格。有空时，不妨坐在花园池塘边的绿色卢森堡椅上，享受惬意的闲适时光。

大卫奥斯汀玫瑰花园

这个花园种有 700 多种英国玫瑰，也许是世界上最好的玫瑰花园。它位于英国伍尔弗汉普顿附近，最佳参观时间为每年六月。

Eriksdalslunden 花园

位于斯德哥尔摩，内有一座座私家花园，且每座花园都有一间小屋。未经允许，游客不准入内，但是可以在连接花园的小道上散步，透过低矮篱笆与花境一窥花园美景。

温莎大公园

我父母以前常带我们去那里参观。它很特别，占地 1940 余公顷，位于温莎城堡附近。我甚至在那里看见过几次英国女王。

栖居山花园（Perch Hill）

该公园位于英国东萨塞克斯郡，是花园设计师、作家、电视节目主持人、邮购植物专家拉文（Sarah Raven）的私家花园。有时她会向公众开放这座花园，这儿景色优美，为参观者带来无尽的灵感。

威斯利花园

威斯利花园坐落在英国的萨里郡，隶属于英国皇家园艺协会，是该协会运营的四个花园（另外三个为约克郡的哈洛卡尔花园 Harlow Carr Gardens、埃塞克斯郡的海德庄园 Hyde Hall、德文郡的玫瑰花园 Rosemoor）之一。幸运的是，我家离威斯利花园很近。

吉维尼莫奈花园

艺术家莫奈的花园位于巴黎西北的吉维尼小镇上。它作为著名景点，实至名归。它实际是由两座花园合并的，其中一座是美丽的花园，另一座是受日式风格启发建造的水景园，其中种满了迷人的睡莲。

大迪克斯特庄园

大迪克斯特庄园位于英国东萨塞克斯郡，是园艺家兼作家劳埃德（Christopher Lloyd）的住所。如今，这座历史悠久的住宅与花园已成为全世界园艺师的朝圣地。

罗森达尔花园（Rosendals Trädgård）

这座花园是一家斯德哥尔摩的花园基金会建造的，目的在于拓展公众对生物动力园艺与庭园设计的了解。有玫瑰花园、切花田、蔬菜园、葡萄园，以及让人印象深刻的堆肥系统。

我父母的花园

这座花园不是人人都能参观的，但是我也不能把它落下。我父母的英式花园是我度过快乐童年的地方。

大卫奥斯汀玫瑰花园

　　大卫奥斯汀玫瑰花园的一角，种满了芳香的粉色与黄色的英国玫瑰，它们枝枝蔓蔓，攀缘到白色大门的花架。这个花园特别值得一去，六月参观的话，景色最佳，那时繁花争艳，尤为让人赞叹！

13

花展与向公众开放的花园

愉快地逛一天，满获园艺创想与购物机会

对我而言，一年之中排在榜首的活动是皇家园艺协会举办的汉普顿（宫）花展。在那里待上一天，你不仅会惊叹于参展花园的精致，还可以从专业供应商那里购买植物，并沉浸在花展的气氛中。皇家园艺协会因举办无与伦比的活动而举世闻名，其中的活动也包括在伦敦举办的享誉全球的切尔西花展，也是我喜欢参观的花展。右下方的照片是在汉普顿（宫）花展上给一个经典花境拍摄的特写。

2017 年，我喜欢的园艺设计师之一——Melt Design Studio 的奎斯特（Dorthe Kvist）在哥本哈根园艺公司园艺展（Haveselskabet Cph Garden Show）上展出了她的城市绿洲花园"郊野奇趣"。她展现了花园设计的最新趋势，同时又宣扬了可持续性、生物多样性、回收概念及自种自食的社会理念，而这一切都是在一个小空间内实现的，她的目的就是向城市居民展示如何最大限度地利用一小块土地（左图）。

在花园最美的时候去欣赏花园美景的另一种方式是在开放日参观。在英国，"国家花园计划"通过让花园主人向公众开放私家花园，收取门票募集资金用于慈善。

举办一场展览

奎斯特在哥本哈根园艺公司园艺上展出的城市绿洲花园"郊野奇趣"（左图）的主题是"舒适、真实、放松与休闲"，然而卡里考特（James Callicott）的碎石花园"海边"才是 2017 年汉普顿（宫）花展上最受欢迎的（右图）。

15

园艺中心与苗圃

在这里我能轻易地消磨掉整个周末

购物天堂

　　这个设计精致的花园展示区（对页图）位于瑞典罗森达尔花园的温室商店内。这个商店是我参观过的神奇的园艺商店之一，从上到下都摆满了能把你的花园变美的美妙物件。对于植物狂热爱好者而言，专业苗圃是他们在购买植物之前，探寻不同品种并亲眼看一看的去处。两个此类苗圃中展出的整齐花圃里种着毛地黄、鸢尾花与堆心菊（左图），以及大丽花（右图）。

　　如果你像我一样喜欢提供售卖服务的植物空间，那么有必要参观园艺中心、花店和拜访植物专家。最好的商店会定期变换展品与存货，这也意味着每次参观你都能找到带来灵感的新鲜应季的东西。

　　我最喜欢的园艺店既售卖大量健康的植物和新品，又有老式的园艺物件。英国牛津郡的布福德园艺公司（Burford Garden Company）成了我特别喜欢的一个去处，那里有很多北欧品牌、一些独立小公司生产的物件，以及供园艺用的老式物件。我家附近就有两家漂亮的园艺店，是我老公出去骑车时发现的——一家是汉普郡胡克市附近的墨坦园艺店（Moutan Garden Shop），它家总是有质量上乘的镀锌花盆；另一家是温彻斯特市附近的隆巴恩薰衣草培植店（Long Barn Lavender Growers），这

家店有个漂亮的咖啡馆，还有你能想到的很多品种的薰衣草。在伦敦，我经常去 Scarlet & Violet 花店，给人很多灵感。这家店的店主是布拉泽森（Vic Brotherson）。她的花很美，花店的内饰也很美，用老式板条箱制作的架子上摆放着很多古董花瓶、陶瓷饰品、植物明信片与其他收藏品。

　　最近，我有幸参观了哥本哈根的布罗姆斯特库里特（Blomsterskuret）花店。这个小店的外表面被漆成黑色，这黑色背景将五颜六色的花映衬得格外醒目。

　　这些地方和其他地方丰富了我的园艺体验。我喜欢看其他充满创意的人如何设计和展示园艺相关的物品，看后我总是觉得很受启发，想进行新的尝试。

有些园艺中心仅售卖堆肥／土壤和碎石，而有些园艺中心则提供精心设计的花园、一流的咖啡馆和令人垂涎的园艺物件，让你流连忘返，沉浸其中。这些园艺中心包括斯德哥尔摩的泽塔斯（Zetas）花园、罗森达尔花园、马尔默市附近的罗迪科平格（Löddeköpinge Plantskola）种植学校、里士满的彼得斯汉姆（Petersham）苗圃（右上图与左上图）以及牛津郡的布福德园艺公司（左下图）。在我的愿望清单上，纽约的城市园艺中心与地带（Urban Garden Center and Terrain）是我想参观的，它在全美有四家店。如果你参观的地方给了你灵感，注意下它们是怎么做的——参观斯德哥尔摩的泽塔斯花园（右下图与对页图）带给我很多新的想法。

1

2

我的十大易栽植花园植物

我发现把这样的清单控制在仅仅十种植物很难，下边是我推荐的植物。当然，随着知识的增长，这个清单也会有变化，而这正是做园艺的众多乐趣之一。

1. 香豌豆花

学名：*Lathyrus odoratus*

我想香豌豆花是种起来最有收获的。尽你所能挑选出最好的种子，选个以香气闻名的品种。每年我都会种一些，而我总会因它们那数不胜数的花朵而惊讶。你采摘的花朵越多，园子里生长的就越多，所以尽情采摘吧。

2. 老鹳草

学名：*Geranium*

我选择多年生的品种，因为它们每年都会发出新芽，而且每一季也会开出更多的花儿。我们花园中的每种老鹳草都呈现出不同的粉色，从春天到夏末一直开花，用它们来装点花坛再好不过了。

3. 毛地黄

学名：*Digitalis purpurea*

如果没有为数众多的毛地黄，我们的花园就是不完整的。我会成片地种植毛地黄。我喜欢它四处自播的特性，每年都有新的植株带给我们惊喜。我总会购买白色与杏黄色的品种，并将它们与常见的粉色品种种在一起。

4. 蜀葵

学名：*Alcea rosea*

蜀葵植株高，引人注目，花朵喇叭状，与我家的村舍花园种植规划完美契合。它喜阳光充足，喜水，在疏松肥沃、排水良好的土壤中生长良好。它也是自播种植。需要定期浇水。

3

4

5. 郁金香

学名：*Tulipa*

　　郁金香可以为花园锦上添花，有时你会忘记种过它，但是当春天到来时，它们会自己冒出来，而且不需要你耗费很多精力去照管。今年秋天，我听从蒙蒂·唐[1]（Monty Don）的建议，栽种了粉色与白色的 Danceline 品种的郁金香——我已经迫不及待地想看到它们开花了。

<hr/>

1　1955 年生，英国人，毕业于剑桥大学，畅销书作家，著名园艺家，BBC 主持人，主持了很多广为传播的园艺节目，并参与制作大量经典的纪录片。

5

6

7

6. 铁线莲

学名：*Clematis*

　　铁线莲，又名〝老人须〞，是十分常见的花园植物之一。这种用途广泛的植物可以种在墙上、花架上、花盆里，或者任由它恣意攀爬。

7. 葱属植物

学名：*Allium*

　　与洋葱和细香葱同属一科，葱属植物是由球茎长出长长的茎，头状花序形如绒球。十分易于种植，在秋天，把球茎植入15~20厘米深的土中，然后静待它们在春天开花吧。

8. 玫瑰

学名：*Rosa*

　　玫瑰有很多的品种可选，可以种在花瓶、花床和花坛中，它们会沿着墙壁或篱笆向上攀爬，也可以用它们创造出充满勃勃生机的结构体，如拱门。它们芬芳馥郁，我希望每天都能把它们制成香水喷在身上。

9. 茉莉花

学名：*Jasminum*

　　茉莉花适宜在湿润、排水性能良好的土壤条件下生长，其花香怡人，花形美丽。它们适合种在温室或花房中。茉莉花品种繁多，你去园艺中心或者专业苗圃的时候，要好好看一看。

8

9

10. 水仙

学名：*Narcissus*

　　春天时娇弱的水仙球茎是我妈妈的最爱，一看到它们，我就会想到她。我最喜欢的是"三蕊水仙"（*Narcissus* ´Thalia´）与"甜蜜笑容"（Sweet Smiles）。三蕊白水仙是一种象牙白色维多利亚品种，而"甜蜜笑容"芳香怡人，成熟的时候绽放出娇美的血牙色花朵。

10

印花、图案与纸张

从植物画中汲取灵感

我经常发现植物画或者印花会给我的花园带来启发。你或许会被可以复制到自己种植规划中的色彩组合或者图案所吸引。或者也许你想要通过运用印花纺织品制作垫子、遮阳伞或者餐巾的方式来给你的户外空间引入植物图案或者印花，营造植物风情。

复古风植物印花正处于"流行"时刻，可以到集市或者跳蚤市场搜罗一些真品或者到网上寻找复古风的现代墙壁挂画。我喜欢制作自己的黑白印花，然后用 Anthropologie 品牌的小黄铜装饰钢夹把它们挂到墙上展示出来。

有才华的艺术家与设计师古今皆有，灿若繁星，他们从花朵与花园中得到灵感，以很多不同的风格与媒介解读自然界。我特别喜欢纳迪娅·诺博（Nadia Norbom）的作品，她把自己给斯德哥尔摩的罗森达尔花园绘制的精美而细节丰富的植物画作制作成印刷画，而且还为一本介绍野生可食用植物的书画插图。

用设计营造植物风

一张复古瑞典植物挂图（对页图）完美地融入了瑞典斯德哥尔摩的罗森达尔花园园艺中心的植物与管道之中。纳迪娅·诺博的精美画作（上图）用夹子挂在旱金莲花坛上方的悬挂展示线上，看起来清新可爱。两幅画作都在室内展示，把室外美景带入室内，也许它们会让你受到启发，根据它们所描绘的图景栽植新的植物。

漂亮的书页与种子包装袋

　　我热爱收集老旧的植物书。我喜爱并欣赏那些插图中细致入微的细节，有书页松脱时，我会用它们装饰花园小屋的内墙与窗户（左上图与左下图）。我也总舍不得丢弃空的种子包装袋，要是包装很漂亮，更会舍不得（右图）。我需要想出一个手工制造项目以便将它们作为装饰品重新利用，现在我把它们放在了一个老旧的木质种子盘中小心保存（对页图），静待灵感迸发。

寻找花草灵感

　　将大波斯菊与锦葵的花朵插入回收利用的玻璃花瓶中来装点花园房间的写字台（上图），而我自制的植物印花墙纸装饰了粗糙的木板墙面，从而使这个舒适的区域与外边的花园融为一体。这间瑞典小木屋（对页图）用Borås Tapeter品牌的"美丽传统"系列的花朵图案墙纸作装饰，引人注目。镀锌铁桶里摆放着散发芳香的美丽山梅花束，延续了花卉主题，并与后边的墙纸中流线图形相呼应。大胆运用从自然界中汲取灵感的Abigail Borg品牌植物印花靠垫（下图），与花园房间完美搭配。

装饰你的花园

花盆与容器

通过不同的尺寸、形状与表面实现变化

锈迹斑斑的花盆

　　这个老旧的锌桶用来插形如拖把头的粉色绣球花是再合适不过了，与周围繁茂的绿叶相映成趣（左图）。斯德哥尔摩的泽塔斯花园有很多极佳的黏土花盆，有些花盆拥有漂亮、轻度做旧的外观（中图）。种着翡翠木（Crassula ovata）的金属瓮给阳光充足的花园房间带来有趣的细节（右图）。丹麦园艺设计师奎斯特的花园中摆放的一排排旧的、新的、回收的养花容器让人心生愉悦（对页图）。

　　花盆与容器是让户外空间生动起来简单又省钱的方式之一。几乎任何容器都能用作花盆，但是容器应该在尺寸、形状和材料上适合你想栽种的植物。如果不想让根系被水泡着，排水就变得很重要，因此如果你选择的容器底部没有孔洞，那你就需要给它钻孔。此外，也要考虑重量——个盛满土的大花盆几乎难以移动，因此你在往花盆中填堆肥与栽种之前，要确保对花盆的位置满意。如果你计划移动花盆，一个解决办法就是在木头花盆的底座上安装脚轮，这样你就能在露天平台或者露台上四处移动花盆了。

　　我最感兴趣的当然是花盆的风格，以及它与植物色彩、质感，花园中的其他物件的搭配。我总是从所参观的很多北欧花园中获得灵感，它们的特点往往是设计很古典，乐于运用回收利用的或者老式的园艺物件。想要打造这种悠闲的北欧风格，就组合使用镀锌金属容器、木条箱和敦实的黑色或灰色黏土花盆吧。

　　我不太喜欢色彩夸张或者五颜六色的花盆，因为我认为植物与花朵本身就是最丰富的色彩元素，如果你想寻找一些不同寻常的物件，可以考虑改造旧金属洗衣盆或者曾经在农场上用过的动物饮水槽。

对我来说，一间摆放盆栽的小屋是个创意十足的空间，既美观又实用。在我自己的小屋（对页图），我把所有东西都展示出来，除了不美观的东西，比如花哨的塑料花盆与工具，它们都被隐藏起来。松木架子是以前的屋主留下的，我用它来摆放很多好看的花园零碎之物。在它的下边，我把脚手架的木板垫在砖头上作为临时架子。至于设计元素，增添一些植物印花与乡村风的木箱和锌桶吧。

制作纸花盆

循环利用旧园艺杂志，把它们做成时尚的花盆吧。你需要一本杂志和一个圆柱状的物体作为模子（我用的是一个小滚筒）。首先把你选择的书页撕下来，然后纵向对折，得到长条的纸张。把长条纸张绕着模子紧紧卷上几圈，形成一个圆柱体，并在底部留点纸。接着，在底部把纸折进去来制作一个结实的花盆，不要留下让土漏出去的缝隙。你现在做出来的花盆应该大概7.5厘米高。最后，把模子滑出来，在花盆中填上盆栽堆肥／土，就可以播种或者移栽种苗了。把它们作为礼物送给园艺爱好者是个不错的主意。

打造一个桌面花园

  桌面花园是展示喜欢的植物与花盆或者时令花的不错方式。用一对支架或者桌腿与一块旧黑板或者回收利用的大理石板制作一张桌子，然后摆上一批有趣的植物（此处用的是满天星与黑墨麦冬），再摆上一面镜子让植物的冲击力翻倍（对页图与左上图）。任何表面都可以用作迷你展示空间。一张旧长凳成为一盆玉簪与两盆铁线莲的栖身之地（左下图），而一处木柴贮藏处的上方则摆上了一组精选的种有春植球根植物的花盆（右图）。

回收利用的元素

利用回收利用的物件，为你的空间注入个性

人们把回收利用的元素用于自己的花园，有多种原因。其一是预算，通常回收利用的物品比新的花园家具、花盆和装饰物品更便宜。我指的是人们可能扔掉的那些物件——那些从建筑工地回收利用的物件，比如，锈迹斑斑的混凝土加固箍件可以给攀缘植物作为支架，或者报废的地板与砖石可以用来制作长凳。风格需要是选择回收物件的另一个原因——你可能会在最后做出一些特别独特的东西，使其成为真正的谈论焦点。最后，使用回收利用物件对生态环境友好并且可持续，让它们不用作为垃圾而被填埋。

那么从哪儿可以找到这些物件呢？当个有收集零碎东西爱好的人，寻找那些正在整修的房子，因为建筑材料装卸车／垃圾箱是寻找回收物品的好地方（从装卸车中拿走物品之前总是要征得业主的同意）。好的旧车后备厢跳蚤市场／庭院旧货市场总是值得光顾。如果你在寻找特定目标，比如一个旧陶瓷水槽或者锌制洗衣盆，搜罗一下网上的拍卖站点。如果你的预算更宽裕一点，回收庭院市场（salvage and reclamation yards）是你最有可能达到目的的去处。在那里，还很有可能找到招人喜欢的园艺物件——老式洒水壶、旧赤土陶器花盆和可以改造用作漂亮花盆的镀锌金属碗盘。

回收物件焕发新生

回收物件让即使最小的户外空间也变得有趣迷人。一个插满鲜花的玻璃花瓶被放置在一个老式金属托盘上（左下图），而阴凉处，一张旧长凳四周环绕着回收的花盆（中下图），一个以前用来喂食动物的镀锌金属盆变身为集雨桶——如果你家有小孩，请不要这样做（右下图）。对页图中低矮的长凳是用回收材料制作的，摆放着敦实的花盆与金属镜子。

工业回收物

　　旧的葡萄酒或水果木板箱用途广泛（对页图）。这个木板箱在我婚宴上被用来摆放蛋糕，现在则放在花园中展示各式花盆中栽植的怡人的春植球根植物。在早秋时节，我在各式花盆中种下许多球根植物。到了春天，它们开始发芽，我便把这些花盆放在一起，并把它们与提灯、瓮和各种迷人的小园艺物件摆放在倒置的木板箱上——当没有多少植物开花时，它可以给花园增色添辉。一张老式缝纫机桌面上放着锈迹斑斑的金属花盆与小瓮，在小屋的黑色墙壁的映衬下，构成了一幅对比鲜明的图画（左图）。

制作循环利用的花盆

　　旧木板箱对于这种改造项目十分理想。新的木板箱用起来也很好，不过一旦暴露于自然环境中就会很快变旧，若是涂上保护性的木材着色剂的话，防腐性能会大大增强。如果木板箱的底部是完整的一块，你需要钻一些孔洞来排水。首先，给木板箱加上黑色塑料薄膜作为内里。然后，把它整齐地折入四角（有点像给蛋糕烘模制作内里），用订书机将其固定在合适的地方。接着，加一层赤色陶土花盆碎片或者破碎的聚苯乙烯碎片辅助排水。最后，向木板箱倒入最适合你想栽植的植物的培养基，随后把植物种进去。我种植的是白色木茼蒿、花烟草、紫色鼠尾草与醉蝶花（Cleome）。

4

纵向展示

最大限度地利用可用空间——一切皆可能

近些年，生态墙已经成为大趋势，而且这种让花园的每寸可用空间都物尽其用的理念，对于拥有小地块的人来说，尤其适合。除了用攀缘植物遮住光秃秃的墙与篱笆，还可以悬挂花盆和陈列自己的收藏品或者有趣的物件。我在写这本书时曾拜访过一座花园的主人——斯梅尔（Debbie Smail），他收藏老式鸟笼，并把鸟笼悬挂在自家花园一面黑色的覆有木板的墙上，并越挂越多——株蓝色的西番莲（学名：*Passiflora caerulea*）开始在鸟笼周围攀缘生长（右上图）。由于一直经受日晒雨淋，鸟笼的金属部分已经开始锈蚀，但这样倒更有韵味了。

在这座花园的砖墙上（左上图），老式的镀锌金属浴盆与大盆并排悬挂在一起，在它们闲置一旁等待着种上植物的时候，其本身就具有引人注目的装饰特征。用来装饰花园墙壁的物件五花八门：旧的路标、搁架、超大的瓷质大浅盘与壁挂花盆都是很好的选择。有一次我在跳蚤市场意外发现了一个锈迹斑斑的旧路标，上边写着"塞琳娜露台"……当然，我必须把它买下来，如今它装饰着我家花园的一面墙，成为我家户外生活区的背景牌了。现在我正忙于搜寻一件同样独特的其上印有我老公名字的物件。

屋顶上

　　丹麦园艺设计师奎斯特发现外屋屋顶阳光充足，适合作为花园。她做了个种植床，里边种上蔬菜与可食用的花来吸引蜜蜂与别的昆虫。种植床需要通过梯子才能进入。如果你也想尝试，那就去请一位建筑工人检查一下你家的屋顶能否承受住花盆的重量。外屋：储存物品或作为工作场所的小附属建筑。

制作漂亮的三色堇剧院

天赋异禀的园艺师斯梅尔设计了这个植物剧院来展示诸如三色堇（学名：*Viola x wittrockiana*）之类的盆栽植物。你可以翻修旧搁架或者用板条箱制作一个搁架（对页图）。将搁架用黑色木器漆或者着色剂粉刷一下，然后制作一个荷叶边的架顶。斯梅尔用一长条三号铅板（从 eBay 网站购买）与一个杯子作为模板制作一条边上的半圆形。用剪子切割荷叶边（剪子比工艺刀容易使用，但是剪完以后就变钝了）。依照剧院顶的形状将铅板定型，再用锤子与镀锌铁钉把它固定好。将搁架悬挂在向阳的墙面上，然后就可以摆放上你的盆栽三色堇啦。

设计窍门

这个绝妙的设计想法可以让任何花园栅栏焕发生机，在派对或者其他聚会时成为超棒的装饰细节。在小玻璃瓶或罐子的瓶颈位置缠绕一段绳子，打一个双环结把它捆紧。现在再用一段绳子穿过第一段绳子的下边，再把它绕着栅栏柱缠上几圈，打个结固定住。当所有的瓶子或罐子都固定好后，用水壶给每一个都灌上水，然后插上花或者香草。没有花园栅栏怎么办？不妨把结实的木棍沿着小道往土里插成一排，然后把瓶子或罐子拴在上边。

袖珍花园

窗台、窗台花箱与悬吊展示

户外空间如今是一种宝贵的商品，但是巧妙地运用容器可以把哪怕再小的地方变为茂密的绿洲。无论它是一块巴掌大的院子或是狭窄的阳台，都请你发挥创意、就地取材。对于狭窄空间而言，窗台花箱是再合适不过了，因为无论在室内还是室外，都能欣赏到它。尽管阳台花箱常被用来种花，但其实它们功能多样——你可以用它们种香草（放在厨房的窗外就十分完美）甚至是诸如高山草莓和樱桃番茄这些水果与蔬菜。

市面上有各式的窗台花箱，但是最重要的窍门是买窗台花箱前先测量下窗台，确保它能很容易放进去（如果你的窗台很浅，可以在窗户下边的墙上安装金属托架以支撑窗台花箱）。此处（右上图），一个带有装饰性花边的古董金属花箱里种上了漂亮的红天竺葵，在后边墙壁的黑色包覆材料映衬下分外醒目。如果你的窗户很深，可以在其上摆放一些不同的花盆（左上图）。夏天的时候，我喜欢在窗户外边摆上一排种着各种不同品种的薰衣草的花盆，据说它们能驱赶苍蝇。在暖和的日子，打开窗子，便闻到薰衣草散发出的令人陶醉的香气，自是让人欣喜。

　　悬吊花盆是给小空间增加意趣的另一种方式，而且能最大限度地利用墙壁或者其他纵向空间。它们风格多样，从柳条编织篮到现代金属花盆，不一而足。选一种你自己喜欢的同时又在你的预算之内并且还适合你家花园的设计风格，记住你需要一个装在墙上的托架或者钩子来悬挂花盆。我家有柳条花篮，里边种着"面对面"（Narcissus 'Tête-à-tête'）品种的水仙花球与蔓生的常春藤。夏天的时候，我再把一年生的花坛植物，如色菲妮娅（Surfinia）品种的重瓣矮牵牛花，种在水仙花球上，待它们凋谢后，秋天我再把它们换成冬三色堇（左上图）。它们差不多整个冬天都在开花，到了春天，水仙花球又开始发芽了。每年我都会替换最上层的堆肥/土壤，以保证充足的营养。悬吊花盆易快速干透，所以要放在容易拿到的位置，否则给它们浇水会成为一件麻烦事。

用园艺老物件装饰花园就是运用你的创意给花园带来一点复古魔力。使用破旧家具比如油漆剥落的边桌作为花架（右图）。把老式花盆保存在旧箱子中，待日后使用。旧金属罐也很适合储藏种子袋，而复古的篮子可以存放绳球与园艺工具（左图）。

复古园艺老物件

复古物件可以赋予任何户外空间以魅力

"园艺老物件"这个术语描述的是与花园或者园艺相关的古董收藏品，它们是我在各种跳蚤市场和回收庭院市场中最喜欢搜罗的物件。我最棒的一些发现包括几把漂亮的镀锌金属洒水壶、一尊布满青苔的古董雕像，以及一套随时光流逝，锈蚀得更具韵味的法式金属酒馆桌椅。留意搜寻旧金属洗衣盆、洒水壶与水桶（对页图）。它们不需要完好无损——如果底部已经锈出孔洞更好，反倒省去钻孔排水的麻烦。

老化的金属门看上去效果好极了，它可以靠在墙上以支撑攀缘植物，用旧金属车轮效果也不错。鸟笼可以作为奇特的花盆，甚至任何经过风吹雨打的工具都能成为亮点。搜寻这些物件本身就很有趣，也许你会发现一个不寻常的物件并且立刻将它派上用场，或者你可以把它买下，等到灵感闪现的时候，再用它装饰花园。

最重要的窍门

用园艺老物件来装饰花园很简单——用一些物件在花园的角落里创造出装饰性的小场景。

小屋内景

　　这座可爱的小屋的墙壁被刷上了小格林油漆公司（Little Greene Paint Company）的厨房绿色油漆（Kitchen Green）。它是植物、锌桶与导演椅（在eBay网站幸运地找到的）的理想展示背景。放在小屋后部的椅子，是享受片刻沉思或者坐等一场突如其来的阵雨谢幕的完美地点。

制作印字桶

　　有时若走运的话，会找到带有有趣印记、印字或者姓名首字母的老式物件，从而获得一些有关它们历史的线索。这种装饰格调很容易复制，只需使用印字工具包（可以在互联网上找到）在旧桶或者花盆上添加上你自己选择的词或者词组即可。我在两个老式金属桶印上了"FLEURS"字样。想用模板印你想写的话，则需要一支点彩刷与少许白色外用漆。别在刷毛上蘸取太多油漆——想要效果好，刷笔需要相当干燥才可以。而且，你要确保一个字母干了以后再印下一个字母，以免涂污。

城市香草

　　如果空间小的话，香草是个理想的选择，因为它们在花盆中也能茁壮成长。这个有遮蔽的地方是种植许多品种香草（比如迷迭香与茴香）的理想地点。老旧金属桶营造了统一的风格，且不喧宾夺主。

挑选花园陈设时，要与你已摆放的物件进行搭配，而不要担心在原有的桌子旁边搭配不同的椅子。如果你在市场上寻找新物品，买之前先感受一下使用起来舒不舒服，再研究下它们在自然环境下表现如何。

挑选家具

为户外空间搜寻合适的家具

如今有海量的花园家具可供选择，DIY 商店甚至超市售卖不同系列的家具。在购买任何东西之前，要考虑如何利用户外空间。天气暖和的时候，你喜欢在户外就餐吗？如果喜欢，一张桌子与几把椅子应该是你最需要买的。如果你的空间很小，能不能塞下一张长凳或者折叠椅与桌子？经常设宴待客的人也许需要一张花园沙发。

当然，预算将决定在哪里买以及买什么。你需要花钱买新的还是翻修下旧物？我很推崇新旧搭配。我们把我家花园的这个部分（左图）叫作中央露台，今年夏天我将一张老式法国金属桌和一张旧木桌拼在一起组成了一张长桌。椅子既有旧木椅，也有金属折叠椅、印度编织凳、藤椅。摆放家具的时候，要保证留有足够的空间以便客人可以舒服地坐在桌边。一旦家具摆放妥当，你就可以做些有趣的事情——用盆栽植物和一瓶瓶刚采摘的花来装饰桌面。

与空间协调

　　复古风格的铸铁设计（对页图）给这座凌乱的乡间花园带来怡人的氛围，而这套流线型的桌椅摆在现代木制平台上也很合适。轻便的藤椅可以视天气情况搬进搬出。

装饰的细节

运用奇特的元素增加独特感

如同室内设计一样，常常是小细节与最后的装饰真正地提升了花园的美感。在写这本书时，我从因写书而结识的可爱园丁那里获取了不少新的装饰想法。他们大方地向我传授了不少绝妙的设计窍门，现在我可以与你们分享了。参观了格蕾丝（Lou Grace）的美丽花园并看到结实的 TAC 铁锹以后，我在一个跳蚤市场找到了一把相似的木柄铁锹，当时兴奋不已，兴冲冲地跑回家把它插到我们家草本植物花坛的多年生植物中间！提灯有助于营造气氛，

给花园带来光亮。使用油灯或者蜡烛提灯，并把它们悬挂在沿着花园小径排成一排的牧羊杖上。为野生动物建造一个家园是另一种丰富花园细节的方式，这样还可以吸引小鸟与昆虫来此躲避与筑巢。今年我们家有一窝蓝冠山雀到鸟箱筑巢，看着鸟爸爸和鸟妈妈从小洞中进进出出，衔来苍蝇与幼虫哺喂小鸟，真是一件乐事。鸟箱安在我们家的李树上也很好看——双赢！

最后的装饰

放在旧金属门旁边的一组老式玻璃瓶拼搭出令人愉快的场景（左下图），而一个盛满雨水的浅盆既起到了装饰作用，同时也可以供鸟戏水（右下图）。在乡间集市与展会上寻找园艺用品（对页左上图、左下图与右下图）。手工制作的生锈金属罂粟顶花给一片柳叶马鞭草提供了支撑（对页右上图）。

设计窍门

　　把鸟食架放在你能清楚看到的地方，这样就可以观察本地鸟类飞来飞去。这个传统的基座式鸟食架位于金属拱门的中央，巧妙地把你的目光吸引到花园来（左上图）。无论你的花园大小如何，储藏空间都很关键，以便把盆栽土袋等不太美观的必需品隐藏起来。这个受到蜂箱启发的储藏箱既实用又美观（右图）。

制作虫子旅馆

　　用虫子旅馆吸引野生物种来你的花园做客。你会需要木头下脚料、锯子、电动螺丝刀、螺丝、细铁丝网围栏、锤子与木头钉以及苔藓、松果、切割的竹子等天然材料，再加上一块金属片。首先把一段木头放到平整的表面上，锯成需要的形状，再拼出内部有分区的房子形状。房顶的木头要切割出斜截面以便搭出山墙。接着，用螺丝把房子组装在一起。裁切一块细铁丝网围栏装在后边，用木头钉固定，在分区里放入天然材料，再用更多细铁丝网围栏封住房子正面。然后用折叠的金属片覆盖山墙制作房顶，用锤子把金属片折叠到位。最后用螺丝把房顶固定好，这样就可以按照你的想法把虫子旅馆挂起来了。

制作鸟食架

　　制作这个乡土风的鸟食架，你需要一段桦木、作为底座的木头下脚料、房顶和后部的支撑、钻头、锤子、凿子、电动螺丝刀与螺丝。首先在桦木顶端钻洞把它凿空，然后用锤子与凿子把中间部分掏空。用钻头在桦木顶部附近制作一个入口。最后用螺丝给桦木装上底座、房顶与背板，再把背板固定到结实的柱子或者树上。

室外照明

为太阳落山后的时刻做准备

在室内，我们用照明制造戏剧性效果、营造氛围，以及为重要工作提供照明。在花园里，照明也是如此。户外的照明选择很多，既有暂时的，也有永久性的。如果你是从零开始设计花园，可以加入诸如壁灯与聚光灯等集成照明设备来照亮小径或者树木。各种形状与尺寸的太阳能灯具是很容易运用的"不适宜的"选择。把它们安装在你的花境中或者用它们照亮小径或其他特征物。太阳能户外灯串特别适合聚会——把它们悬挂在靠墙壁或者棚架的垂挂物上，或者把它们挂起来拼成一个形状或者名字。使用电池的户外灯具也能带来神奇的光。我喜欢用灯光照亮我喜欢的园艺老物件，从而突出它们——把它们放在一起，用灯串围住它们，同时把电池藏起来。不要忘记烛光的美丽：将蜡烛提灯放在门的两边，照亮小径，或挂在树上，或放在桌子中央营造气氛。

内部放有小圆蜡烛的金属框提灯照亮了登上木制台阶的路（左上图）。太阳能灯串从简易的竹架上垂下，照亮了小径（右上图），使用电池的小灯串缠绕着种有多肉植物的花盆，给户外座位区提供了迷人的灯光（对页图）。

最重要的窍门

户外电池灯串给花盆和容器
增添了光彩，电池组被藏在
叶子中。

63

霓虹灯是很流行的个性化灯具。此处（左图与对页图）我使用了粉色的心形霓虹灯为户外餐桌打造时尚的光效。因为我喜欢心形霓虹灯发出的温暖的粉色光，所以把它放置在餐桌中央，并且搭配了皇家道尔顿品牌的餐盘。在餐桌上摆放的粉色蜡烛与提灯的粉色蜡烛延续了整个画面。注意留心一些网上的公司推出的不同寻常的花园灯具。Light4fun 是我购买太阳能绳灯和户外 LED 白炽灯泡的另一选择。

制作绒球提灯

制作这种提灯，你需要美国线规 18 号或者 20 号[1] 工艺线、钢丝钳、干净的玻璃／梅森罐与绒球装饰。我用了鲍尔（Ball）牌罐头瓶，因为瓶身上的浮雕标志在烛光照射下呈现出漂亮的图案。首先在罐头瓶的瓶颈上缠绕一段工艺线，要尽可能拉紧，把两端拧在一起。然后，剪掉结头处多余的线。给瓶颈的一侧线上加上一段长点的线来制作提手。把线绕到另一侧的接口点拧紧。最后把绒球装饰缠绕在瓶子的瓶颈上，把两端系紧，剪掉多余的线。向罐头瓶中放入小圆蜡烛，点亮它，一切准备就绪后，就等太阳落山，展现你漂亮的花园了。

1　美国线规 AWG（American wire gauge），是一种区分导线直径的标准，又被称为 Brown & Sharpe 线规。美规电线不同于欧规，是直接用不同的号数表达其截面积的大小。号数越大，截面积就越小。18AWG 大概相当于 0.8107 平方毫米。

将自然带进家

从花园取花材

享用从自家花园里采摘来的枝叶和花朵

从自家花园采摘花儿，然后制作出既特别、有机，又便宜的花束和漂亮礼物。你也会发现一些通常在花店里买不到的枝叶和花朵。我家的花园里就种着一棵荷花玉兰（*Magnolia grandiflora*）树，每年当散发着香气的白色花儿布满枝头时我都会剪下三两枝。春季，还有报春花（primrose）、丁香花，以及超美的苹果花可采。

剪花的最佳时间是早上，在太阳变得火辣之前。准备一个里面已装水的桶，以便在花被剪下后及时将它插入水中。使用修枝剪（或高枝剪）将花茎或枝斜着剪下。仔细挑选修剪部位，若在花茎的叶芽或生长点下面修剪的话，就不会伤害植株。尽管如此，还是最好从不同的植株剪下一至两枝花茎，而不是从某一株上剪下数枝。在将它们带入室内之前，先检查一下花或枝上是否有虫子，一旦有虫子，就把它们轻柔地抖下来。

提前规划是关键：秋季我会种下很多的球根，以便来年春季可以剪下一些来装饰家，同时留下更多在花园欣赏。如果你播种的是一年生植物，如香豌豆花，那么你需要在它们盛夏时节开花之前的 6 个月就早早打算。

利用花园的花叶等制作礼物

采摘花儿是拥有花园能做的美好的事情之一。西班牙蓝铃花在花坛里静静地等候你来采摘（左上图）。我钟爱的另一种花是艾菊叶法色草（phacelia），与雏菊一起插在玻璃花瓶里，会分外惹人喜爱（右上图）。白色伞状绣球花（lacecap hydrangea）在黑色背景衬托之下更出挑（左下图）。春日里的日本樱花绝对给你带来视觉享受（右下图）。鲜切枝不会保鲜很久，正因为如此，尽可能地欣赏它的美丽（对页图）。

创意再利用

　　当花园的树和灌木需要修剪时，我常常将一些剪下的树干或树枝带到家中。余下的则切碎放入堆肥堆。拿出陶瓷或搪瓷罐插入大点的树枝，然后三两天换一次水即可。

打造一个怡人的入口

　　我喜欢在家营造出一种身居其中时感到受欢迎的氛围。复古的多屉柜上玻璃瓶中插着从花园采摘来的花儿，它们笼罩在 Seletti pink 的霓虹灯散发出的温暖的粉色光芒中。毛地黄花束，以及山楂树枝，给整个空间增添了一种戏剧效果。

设计窍门

　　把自然带进家的一个好方法是运用绿色——大自然的颜色——来粉刷家里的墙和踢脚线。在这场景中，甚至木头橱柜也刷了一层同色调的漆。这种植物风的感觉因为室外家具（几把金属和木材材质的老式花园椅和一把被喷成亮绿色的竹制扶手椅）的使用而更为强烈。玻璃瓶成为展示毛地黄和甜豌豆等的理想容器，而海草地毯更添一种自然气息。

时令插花

一年四季的花草之乐

无论是一个特殊场合需要的餐桌中央摆饰，还是边桌的摆设，抑或让你绽放笑颜的什么东西，把枝叶与花朵从花园中带入室内提升居家装饰，无疑是一种通过简单的细节创造出显著效果的方法。花草令人愉悦，而且每个季节都有新一波的花儿，这样我们就可以在室内或室外享用它们啦。

是时候考虑使用什么花器啦。通常，先准备好花瓶或容器，然后再去花园剪下适量的花茎，裁剪花茎的长度以与所选容器匹配为宜。其他时候，当我外出散步，看到很多可用的花草时，会一时兴起

采下一些，而一旦采满一把新鲜的花草，就用花瓶把它们插起来。无论你喜欢哪种方式，可能一年不同时段家里都需要很多花瓶或其他容器来插花。有时候，一个花瓶只能插短的花茎，因此购买许多小花瓶以及一些插花束的大容器不失为一个好主意。我倾向从跳蚤市场、花园和植物商店、超市和古董商店淘花瓶。

插花时，也无一定之规——我喜欢松散、自然的花束，钟情于与室内空间搭调的动人色彩。夏日里，我会搜寻些玫瑰果、缀满山楂的枝条和饱满的大丽

　　每个季节都有属于它自己的美丽植物。这棵山楂树开花了，散发出阵阵幽香——它属于我的邻居，但他允许我剪下我喜欢的枝条（对面左图）。这些缤纷的夏日花朵或粉或蓝或浅橘都是家养的切花（对面右图）。我又采摘了一些草，并把它们松散地放入复古桶中。秋日里，干燥的种球是我的插花之选（左下图）。冬日里，我会剪些常绿叶子，为了更闪亮，可在花瓶里点缀小圆蜡烛（右下图）。

花（我爱桃粉的'牛奶咖啡'）。冬日里，我则找些常绿植物、浆果，然后搭配干花和种球。冬季过后，绽放花朵的春植球根色彩艳丽，绝对让你心情舒畅。水仙花、银莲花和丁香花的组合是你氛围营造的好选择。我还从苹果树上剪下些带花的枝条，香味沁人心脾。当然，夏日是花儿最繁盛的时节。如果你

种植了你自己的鲜切花，那么某些时候，你会收获太多的花。这样的话，不妨剪下一些花，插入盛满水的复古镀锌桶里，然后将它们摆在入口处，楼梯下部或过道——给你一种置身花园的错觉。这也是把自然带进家的好主意。

大黄

如果你种植的大黄过早开花结籽将会怎样？好吧，这也不全是坏事——大黄的花儿很漂亮，所以把花儿剪下当作鲜切花吧！这张柚木餐具柜可以说是大型插花的绝妙展示空间。桌子上方悬挂的这张旧"花朵"植物图鉴延续了将自然带进家的主题，成为这不同寻常的展示的完美背景。

最重要的窍门

从自家养的花卉上剪下的花茎，
插在老式玻璃花瓶里，看起来
漂亮极了。当几枝花成组搭配
在一起，它们就呈现出引人注
目的展示效果。

制作干花

　　保存花朵的技艺可以追溯到很多世纪前。剪下花朵、种球或草后，迅速摘掉叶子，通过此方法你可以干燥花朵、种球或草。把它们扎成一束，然后将它们倒吊在空气中干燥二到四周。如果你自己种花，有多余的黑种草属、葱属或绣球花属花，不妨摘下一些特地干燥起来，待日后丰富秋冬季插花或节日花环。准备一间小屋，专门用来干燥花朵，这是很棒的，但不是必需的，实际上任何空间只要避开阳光直射，并且具有良好的通风条件就能满足要求。

使用家养花制作花束

　　选择一些搭配效果不错的花儿——我选择桃粉色和淡黄色的大卫奥斯汀玫瑰搭配巧克力色波斯菊、黑种草种球和羊角芹。摘除花头以下 10 厘米内主茎上的叶与刺，然后把收拾好的花放在一个平面上。现在，一只手拿着花儿，另一只手不断往它添加更多的花，每次添加时要旋转这些花，从微小的角度插入新的花儿。当你用完所有的花儿时，用酒椰纤维或绳子牢牢地把花扎起来。剪掉花枝的底端，使它们一样齐。最后就是为花束找一个合适的花瓶啦。

设计窍门

　　如果你喜欢家养花，但还没抽出时间自己种植，就上网搜寻当地花农并从他们那里预定花儿以支持他们的事业。我的供应商是一位可爱的女士，名叫妮基（www.bucketsofblooms.co.uk），她在英国汉普郡的一块花田里种植漂亮的季节性英国花卉。她种植的一年生锦葵花（花葵属）棒极了！

如果你不辞劳苦整理了一块地种花，一定要给植物贴上标签（右图）。可用装饰性的竹制圆锥形支架或金属花园方尖碑状支架支撑植株，买入浅底篮或其他篮子收集花儿（对面页的图）。这间漂亮小屋里的工作台（左图）是理花和插花的完美地点，但是一张花园桌也效果不错。

建造一座切花花园

种植芳香性观花植物和观叶植物来装饰你的家

如果有空间的话，为获取切花而专门辟出一块地种花，是一种美好的奢侈，这将避免在花园花坛里留出走人的空间。根据你室外空间的大小，用于鲜切的花儿可以种在桶里、花盆或花坛的空地里，但抬升的花床是理想之选，因为它们容易采摘且排水条件良好。可以从花园中心购买已处理好的木框架，以及配套的工具，或者自己制作，如果你有技术和工具的话，可以使用防腐木，如红柏木、刺槐木或红杉木。确保把花床设置在晒得到阳光的地方，同时花床里填满无杂草且肥沃的土。

当开始种植时，选择多次收割（cut-and-come-again）的高茎植物新品种——它们更适合做切花，因为你越采摘，它们长得越多。还要研究你需要栽种的植物需要多大的空间，长到多高，因为过密和足量种植之间界限微妙。

最重要的窍门

用一系列玻璃花瓶也可做出一组漂亮的餐桌中央摆设。从慈善商店或二手店购买一些小罐、雕花玻璃花瓶和精致的平底玻璃杯，是个不错的选择。

花园房、温室
和棚屋

最重要的窍门

绿色玻璃花瓶呼应着户外花园
中青翠的草木，并赋予这个时
尚的现代空间一种不寻常的植
物风情。

这个现代风格的钢玻璃结构的扩建部分由瑞典建筑师设计，坐落在花园里，四周皆是郁郁葱葱的植物。即使在下雨天，这也是一种享用花园的超棒方式。室内运用了不同色调的单色，以及一盆多叶的马氏射叶棕榈，有助于模糊内外空间的界限。

花园房

打造特别的娱乐、起居和放松空间

花园房比以前任何时候更受欢迎，作为任何室外场所的有益补充。可以被作为办公空间、手工坊、瑜伽工作室或其他活动室。有时是一个独立的结构，有时是房屋的延伸或增建部分，常常使用传统的建筑材料。你也可以改造一间现有的建筑，如大的棚屋、车库或温室，或者委托制作一个新的小屋或凉亭。无论你选择哪种，在开始你的项目以前，都必须确定你能够获得规划许可。

一旦花园房建成，你就需要想一想如何装饰和设计这一新空间啦。也许，你喜欢让它映衬你的花园，呈现一种绿色而又自然的"盆栽棚"的氛围，抑或选择十分现代的东西与花园形成对比。如果你想把它作为多功能空间使用，最好考虑设置一些储存空间，如果你想一年四季都使用此空间，建议购买燃木火炉（冬日取暖），以及其他舒适用品，如毛毯和地毯等。

制作植物图样

　　如果你有一些纸、一台打印机和一个打印连接设备，自己制作植物艺术品就不是一件难事。我喜欢把黑白照片打印到一张 A4（美国信纸尺寸）的棕色牛皮纸上，但是你也可以用你喜欢的任何颜色或质地的纸（只要与你的打印机相配／兼容）。在线搜索一下免费使用的植物照片，找到你喜欢的。尽可能找到最高分辨率的图片，那样印刷质量更高。将图片保存到设备中，然后将图片转换成黑白的，接着就发送打印了。为呈现好的展示效果，可以打印一些不同的图片，并用大钢夹将它们挂在墙里的平头钉上（对页图）。

做梦的空间

　　想必每个人都梦想着有一间小屋，它就隐藏在花园的端部，在此你可以写写画画、做做手工和娱乐放松。我知道我做得到。这间木材包裹的北欧风小屋（上图）是由设计师罗斯•哈米克（Rose Hammick）的老公安德鲁设计的。小屋墙体上的木板是从运货托盘回收来的，而金属框架门窗则是从旧工厂建筑抢救过来的。小屋使用了倾斜的波纹金属屋顶，这样雨水流进铝制的排水槽，然后再流入集水桶。

打造一个花园休闲区

　　你也许已经有一间小屋或附属建筑物，不妨将它改造成多功能的社交空间，而不仅仅用来存放割草机和自行车。摄影师派尔（Cathy Pyle）就是这么做的。清理好小屋以后，她利用旧木头做了一张转角沙发，并在其上放置使用过的靠垫，还赶制了一张安装有小脚轮的咖啡桌来搭配沙发。墙上挂着的旧咖啡袋让白色木墙透出几分暖意，灯串装饰更添光彩。把花园小屋的外墙面刷成黑色是将小屋隐藏在草木后面的可靠方式，这也让它看起来更别致。

温室

不耐寒植物的冬日之家

　　温室是个有些神奇的地方。根据它们的用途——提供稳定而温暖的环境——它们往往是让人感到安慰和舒适的空间。当我置身于所植草木之间时，心情总是十分愉悦。有了温室后，你可以从种子开始培育，栽种一些娇嫩的 幼苗，因为冬季它们根本无法在户外存活。温室可以说是既实用又迷人。这个漂亮的温室是资深木匠沃林（Peter Wallin）为他的妻子莉娜 建造的。这里空间宽敞，摆放了一把扶手椅，有空时可以坐下欣赏周围的一切。我喜欢嵌在后墙的装饰窗，由此可观不远处的森林美景（参见下页图）。温室的前面是种植床（也是彼得所建），这个地块的一边是低矮的柳条篱笆。几处亮眼的装饰包括几个老式金属喷水壶、一只用作花盆的旧木桶。

　　当然，就像大多数的花园小屋一样，温室需要维护。如果你家温室是木制的，你需要对木材做特殊处理或者定期粉刷。一旦植物进入生长期，就需要把温室好好清洗一番，除去屋顶上的落叶或碎屑。

设计你的空间

　　对温室来说，搁架是必需的，因为有
了它，花盆、工具和植物标签放置问题就
迎刃而解了。有了它，就有了空间来设计
园艺品（gardening items）和零碎的东西，
从而打造出一个装饰图案。如果还有空间，
不妨搬来一张桌子，摆放一些盆栽植物和
其他漂亮的东西。拥有一间温室一定是花
艺家或爱好者的终极花园目标，不仅是因
为它颜值高，还因为有了它你就可以栽种
一些在温暖环境下生长旺盛的植物。莉娜·
沃林的温室就是无花果、西红柿和南瓜的
家，而本页的玻璃房则栽种了一些葡萄树。

温室目标

　　我曾参观的地方中，瑞典斯德哥尔摩的罗森达尔花园是最能启发灵感的地方之一。它是一家园艺基金会，支持生物动力园艺的实践与"从农场到餐桌"的理念。如果你有机会前往那里，我强烈建议你去参观一下。那里有三座巨大的温室，现在分别用作商店、供应自产农产品制作的菜肴的咖啡馆，以及举办婚礼和聚会的场地。它那机构内部的园艺师在巨大的温室中通过在架子上不断更换摆放当季的植物来创造常变的时令花展。在夏日时节，你也可以自己在那采花。

97

盆栽棚

在棚屋四处摆盆栽是生命中的一大乐事

一切井然有序

　　盆栽棚是存放多种多样的园艺工具和配件的天然场所。这里，木制种子箱和叠放的陶盆静待着新植物的到来（上图）。这个空间（对页图）是多功能的——是温室和棚屋的混合体，其中室内盆栽植物绿意盎然，还有所有栽种幼苗、移植娇弱植物所需的基本必要的东西。简洁的灰色混凝土地板和黑色墙赋予这个小屋一种时尚感。

　　如果你热衷于园艺，而且花园中有足够大的空间容纳一个建筑物，盆栽棚是你不二的选择。它将证明自己是花园总部，既可存放园艺必需品，又可安置移植来的幼苗和保护它们免受雨淋。有多种不同风格的盆栽棚可供选择。一些有大大的窗户或玻璃板（为种子培育创造条件），但是它们都需要一个大尺寸的操作台。

　　现在让我们来说说外表面，你需要思考是否要让它融入花园或成为一个装饰特色。使用黑色木材着色剂或油漆，这样它就能隐退到背景中，并与绿叶形成强烈对比。浅淡的颜色或明亮的颜色引人注目，从而使它从花园绿色植物中突出出来。

　　对我而言，它为我提供无穷尽的设计可能，这让我兴奋不已。我喜欢在搁架和工作台上布置各种物品，纯粹是为了打造出一处赏心悦目的空间，从而可从中获得灵感并乐于在此"虚"度时光。为保持清洁，我使用了一个大大的旧木柜来存放我不想展示的东西，以及一个防风雪的户外园艺箱。这个箱子有着斜斜的金属顶——是存放长筒雨靴/胶靴、鱼食和其他园艺用品的完美之地。

漂亮的浅色设计

　　我羡慕作者和设计师坎伯巴奇（Jane Cumberbatch）几年前建造的浅色盆栽棚，我甚至很高兴设计它来拍不同的照片。它有可爱的质朴感，四周围绕着移植生长的树和苗圃。玫瑰、葱属植物和刺菜蓟等营造出一种乡村花园的氛围。

从邻居家山楂树上砍下布满花朵的枝条（首先必须获得允许）后，我便立即将它们放入盛有水的桶中，让它们喝个够（左图）。我喜欢水桶放在工作台上的俏模样，这可能会给我一次分享图片的机会。当你忙于园艺任务时，享受花园的不同瞬间是很棒的事。也可以通过将各种球茎分组后用绳子系起来做出一个个干燥球茎，随后加上标签加以区别，然后就把它们挂在墙上（下图）。

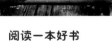

阅读一本好书

我发现园艺方面的旧书是令人着迷的读物，我喜欢收集它们。自从我老公替换掉漏雨的屋顶，小屋就可以抵御风雨了，于是我的书可以快乐地待在那里，而无被打湿之扰。修枝剪可能是我最常用的园艺工具，一看到这把漂亮的带有浅蓝色手柄的剪刀，我便无法抗拒它，最后将它收入囊中（左下图）。

最重要的窍门

如果你的盆栽小屋算不上美，
不妨将它刷成黑色——黑色不
是那么显眼，然后在它前面摆
放一张桌子来隐藏它。

放置工作台，摆上盆栽

即使你没有地方建盆栽棚，你也还有可能在花园一角挤出空间放置小工作台。基本上你所需要的只是一张结实和抵挡风雨侵蚀的可用于园艺工作的工作台。为了长时间使用，桌子最好靠墙，上方安装一两层搁架，下方放几个板条箱用于存放各种物件。这张工作台上堆叠着陶盆和其他漂亮的装饰物，待到天气晴朗时，可以在此换盆、分株和插花（左图）。

装饰小屋

我喜欢为我的小屋搜寻美美的"配饰"，我指的是花盆、大壶，以及装饰物——如老式托盘，可以在其上放置小的移植盆栽、提灯、瓶子和园艺书。真的可以是任何东西，只要我认为它能成为花园的特色或放在屋内搁架上看起来很漂亮。挂钩超有用，因为你总是需要东西挂工具和浅底篮。我从汽车后备厢／庭院旧货售卖市场和旧货店中淘老式黄铜挂钩，从复古市集淘经典装饰物。

制作种子袋

如果你在收集种子，为何不自己做个种子袋呢？你需要植物图样（我的来自老式的野花图样书）、一台扫描仪、彩色打印机和电脑，A4/美国信纸、剪刀、PVA 胶水、纸胶带和字母贴（rub-down letter）。从网上找一个空白种子包模板，然后下载下来。扫描你已选好的图样（如有可能，调整一下尺寸）。将图片放到模板上，然后打印。遵从用法说明，剪出制作袋子的纸片，然后把纸片粘起来，仅在上方留个开口。塞入种子，将上沿折叠闭合。用纸胶带封上，再使用字母贴做标签。

其他花园小屋

　　小型锡棚（左上图）为斯梅尔花园的隐秘一角增添了些许魅力。它是由废物和古董处理专家"老院子"（The Old Yard）用回收的波纹金属板建成的。金属板上还有锈斑，十分美丽。内部空间宽敞，摆放着书桌或舒适的扶手椅和收音机，形成了一个静谧而舒适的休闲地。如果你有一个大花园，牧羊人小屋是一个不错的选择，因为你可以在此举办魅力野营活动，或者留客人住下。这个（对页图）由Plankbridge Ltd. 设计和建造。该公司的总部设在英国的多塞特。

设计窍门

　　一条窄窄的窗台是展示从鲜切园地采摘来的各种花儿的绝佳地点（右图）。沿着窗台，摆放一排玻璃罐，装上半罐水，然后插入几朵花（我选择大波斯菊、甜豌豆和金盏菊）。若有一把旧椅子，不妨将其作为展台——加入水和花后，把桶放在椅面上。旧的手推车也变身为有趣的花盆，而且可以在花园里四处移动，营造新景象（上图）。

户外休闲放松区

户外起居空间

把室内装饰搬到室外

花园里的室外起居空间是我最喜欢的地方。我想打造出简洁的北欧风，因此我选择了简单纯净的黑色、灰色和白色，并且选用木材、藤条、柳条这些自然材料与之搭配。像你在室内陈设布置一样，用小块地毯创造出焦点，然后在地毯之上摆放家具（防风雨的耐用组合式沙发在百货商场或者大百货店能很容易找到）。营造出一片舒适又方便交流的座位区。准备迎接太阳落山后灯串在头顶闪烁、蜡烛在咖啡桌上的提灯里摇曳的美好时刻吧。

繁茂的翠绿紫藤叶，在镀锌花盆和深灰色石盆中肆意生长的绣球花、薰衣草和烟草，透着勃勃生机，给空间带来了香气的同时，也给空间增添了趣味。刷上黑色木材着色剂后，已显陈旧的木甲板焕然一新。就像在室内那样，为沙发和扶手椅配上舒适的靠垫和布罩（对页图）。

室外避风向阳处

　　如果空间允许，在花园的不同区域布置家具，便有地方享受一天中不同时段的阳光了。在一座丹麦花园中，就有这么一张转角沙发（对页图）。坐在上面，在周边紫藤以及盆栽玉簪花和满天星的簇拥下，惬意地欣赏夕阳。

制作天鹅绒靠垫

　　天鹅绒材质会增添一种奢华的格调。这里，我选用绿色来搭配绿叶（对页图）。首先准备两块48厘米见方的布、缝纫线、35厘米长的拉链和45厘米见方的靠垫内芯。把两块方形布的正面边别在一起，沿一条边绗缝／粗缝，留出1厘米缝头。然后从每一角开始缝5厘米，将拉链正面向下放在缝头的背面，绗缝／粗缝后，把拉链缝在正确的位置。最后将绗缝／粗缝线拆除，拉开拉链。将正面贴边，把其余三边别在一起并缝好。成对角线地剪断每个角以减少靠垫内部容量。将枕套正面翻出来，然后填入靠垫内芯。

制作空心煤渣砖沙发

　　这个点子出自 Instagram 图片分享者佩尔松（Cat Persson）。他在完全没有使用任何工具的情况下，用回收的空心煤渣砖和木板拼出这个简易沙发。先在一块平地上叠放空心砖（理想的状态是两块空心砖高，否则太高的话重心不稳），然后在上面放置木板（短的台架板最理想）。最后，放上靠垫，周边放置盆栽（这里我们种植的是矾根属植物、堆心菊属植物、千里光属植物）和箱子。

木板平台

平台区域变身为室外休闲区

如果想铺设一个新木板平台区，要研究不同类型的可用木材——例如，落叶松木因其耐久性常被选用，而且不用做什么处理。两三年内，它将经受风吹雨打，呈现出美丽的银灰色。如果是对已有的平台翻新，则可以刷一层室外木材着色漆，让陈旧的木板焕发生机。如果木材太过显眼，就开辟出一个盆栽区——我喜欢在休闲区种芳香的和有镇静作用的植物，如薰衣草。在平台上放置花盆，也将连接起该空间和花园的其他部分，若想有阴凉，可放置盆栽树（橄榄树能在大的种植盆里生长良好）。

插图画家斯特拉（Mhairi Stella）的花园背靠韦河（River Wey），于是她和丈夫在河边开辟了一个闲适的木板平台区。可调节的木制日光浴躺椅是这种空间的理想之选，针叶树篱则起到挡风和保护隐私之用。堇菜、薰衣草、猫薄荷等盆栽装饰着木板平台，防风灯则在夜晚散发出柔和的光。

河边平台（上图）位于一座长长的花园的尽头，因此有必要携带所需之物在阳光下待一下午，静静地看着行船来来往往。我是这些篮子包（对页右下角图）的忠实粉丝，因为它们实用、耐用又时尚。

黑白设计风格

我喜欢斯堪的纳维亚朋友经常在室外坚持简单的黑白灰色的风格。黑色很适宜作为自然元素的背景（看看对页图中黑色如何与竹子和橄榄树形成互补），所以通过家具、屏风／分隔物或者花盆引入黑色元素，并且运用一些黑白条纹的靠垫吧。

设计窍门

　　此处上有屋顶的平台区域运用随性的白棉布覆盖的木框架折叠帆布躺椅、一张柳条编织的咖啡桌与未经处理的木质铺板的自然色彩与纹理来进行风格设计。内嵌的户外壁炉使这个空间在寒冷的时节或者太阳落山后的夏日夜晚仍可使用。引入柔软的毯子与摇曳的烛光这些舒适元素让这里更完美。

最重要的窍门

首先准备一个大尺寸、宽口径的玻璃罐，然后在罐底铺一层石子或砂砾，再放上一根圆柱蜡烛，这样防风灯就制作完毕啦。

蜡烛有助于增添 hygge 的气氛（左图）。暴露在外的烛火需要遮护，但提灯甚至可以在微风习习的夜晚使用。坐的地方也要让人放松自在，可以放一些靠垫和毯子，就像这张放在苹果树树荫下的两人沙发（右图）。一个室外燃木炉（对页图）在寒冷的日子里给你带去暖意，你也可以用它烤棉花糖。

舒适一角

为花园增添一种 hygge（舒适惬意），创造出一处完美的室外空间

抽空放松和休闲一下，是对身体和精神健康以及幸福感而言非常重要的事情。为此，我欣然接受丹麦的理念（ethos）在花园中打造出一种舒适惬意（hygge）的氛围。hygge 一词是丹麦人用来形容家中普遍存在的一种气氛或生活方式——它是生活方式、设计以及与朋友和家人愉快相处的结合，它当然是一种放松的理念。将这种理念延伸到户外空间，营造一个舒适的花园角落最需要的东西是舒适的座位。轻量的竹沙发搭配以垫芯饱满的靠垫是合适的选择，也是北欧人的最爱，像 Tine K Home，Bloomingville 和宜家这些公司都提供竹制花园家具供人选购。若在私人空间里创造休闲处，可以选择垂枝拂地的树下或者花园隐蔽的角落。对页图中展示的与世无争的角落静静待在无花果树、桦树、玫瑰树丛之中，四周环绕着低矮的缎花与绣球花。

僻静的休闲地

　　山梅花散发着幽香，使得一桌
二椅组成的一方空间闲适而恬静。
如果你的花园有两棵位置近且树干
粗壮的树，不妨好好利用一下。一
棵欧洲榛树下，半掩于蕨类植物中，
一张放有靠垫的吊床邀请你来放松一
下，旁边的一段圆木为你奉上一本书、
一杯茶（对页图）。

户外沐浴处

露天洗浴放松和唤醒最疲惫的心灵

户外洗浴所需的一切

　　天然有机的产品是理想的户外洗浴用品，因为不会有让人讨厌的化学品溅到附近的植物上（左上图）。在伸手可及的地方挂上钩子放毛巾，放一个小凳子或桌子放东西。攀缘植物，如西番莲（上图），柔化了围合起淋浴区的板条墙。一金属材质的浅口平底锅刚好充当水瓢，用于冲洗（右上图）。绣球花和蕨类也是放置在室外洗浴处周边的理想植物之选（对页图），因为它们在潮湿的环境中也能茁壮生长。

　　当建造花园小屋时，我们不会很快想到搭设一间室外沐浴室，但是还有什么比在自然的怀抱中边淋浴或泡澡，边欣赏花园和天空景色更放松的呢？

　　在花园里，淋浴用水来自一根管子，而管子连接到放在附近平屋顶的水箱，那里太阳在白天加热水箱。这意味着在阳光明媚的日子里，下午 4 时至 7 时是洗温水澡的最佳时段。另一方面，浴缸，可以洗凉水澡，在酷热的夏日里绝对让人神清气爽（不仅是天气恶劣时勇敢者的游戏）。为隔开稠密的攀缘植物、蕨类或竹子，让空间更宁静，尽可能地选用天然的材料。花园的这个角落私密而僻静，爬满墙的茂盛的天仙藤，成盆的球形绣球花、蕨类和牡丹围绕着浴缸。如果淋浴头或浴缸的水直接排到周边区域，记得使用无化学成分的洗浴产品。防滑的木板平台适合光脚走（检查以确保没有碎片），也方便洗浴用水排入木板下的土中。

就餐空间

周末休闲

在室外与家人朋友一起用餐，享受阳光明媚的日子

在修剪草坪、整理灌木和往花坛栽种开花植物时，常常想着在暖和的日子里和家人朋友相聚。一旦天气允许，做好将花园变为社交场所的准备。

为营造轻松随意的氛围，准备好大大的玻璃饮料机供应饮料，这样你的客人可以自助啦。最好将饮料机放置在木箱或板条箱上，额外增加它的高度以方便倒取饮料。如果天气酷热，别忘了在旁边加上一桶冰块。

给木椅或金属椅配上舒适的靠垫，若空气中有些凉意，再加上温暖的围巾，这样你的客人更乐于在桌边流连。若是供应食物，选择木碗和木板以及一套搪瓷器，延续简约的乡村风。尽管这可能带有更多的清洗工作，但我还是乐意使用棉或亚麻餐巾，这将增加几分有机的意味。

为何不将户外体验升级并将清洗餐具包括进户外活动里呢？搭建一个户外清洗台，这想必会为这工作增添些许趣味，而且大家也可以帮把手。我在苹果树下搭起一张桌子，摆上一个大大的搪瓷碗和一只大水罐，水罐里装满了温的苏打水（一罐清水也会有不错的效果，与户外主题比较吻合）。

营造轻松的氛围

　　把桌子搬到花园中阳光充足的地方，把盘子、刀叉和餐巾等堆在中间，而不是采用餐位餐具。木菜板和木碗很应景。再用一瓶插花来延续花园主题吧——我已在透明玻璃瓶中插入甜豌豆和玫瑰花。

幽静的午餐环境

这张配有四把椅子的灰色板条餐桌看起来像是由上漆的木头制成的，其实是复合木，这意味着它有很好的耐候性。在这里吃午餐时，我为它装饰上灰色、绿色和黑色等沉静的色调，与背景中的绿叶色调呼应。一旦你选定了餐桌的位置，观察一下周边的色彩——也许会有粉色的花朵或全绿的背景或一面主墙——然后利用这些作为你餐桌主题的起点，从房子里拿出与环境呼应的餐具或其他用品。这里，几盆薰衣草和烟草延续了绿色主题。

设计窍门

往桌上放上植物或花会让这里变身为大家喜欢逗留的迷人场地。若桌子置于花的环境里，剪一些花茎插入花瓶里，这将迅速营造出种轻松自在感。我往宽口径玻璃储物罐里插入了盛开的牡丹和毛地黄以及绿色植物插枝，使得餐桌布置与远处的树篱联系起来（右上图）。鲜艳的色彩与白色的搪瓷用品产生完美的对比。

133

多尔特的餐桌是由购自宜家的支架上置回收的宽木板制成的（右图）。她还为这张桌子配了可叠起堆放的铝制卢森堡椅（弗雷德里克·索菲亚为品牌Fermob设计）。这些是有传奇色彩的卢森堡花园椅（诞生于1923年、为巴黎的公园设计）的改良版。有24种颜色，可以任意搭配。

室内外用餐

寻找一年四季都能利用外部空间的方式

　　丹麦花园设计师奎斯特在露台木板平台上设计了这个用餐空间，这个用餐空间就在厨房的旁边。她想到一个主意即设计一个封闭空间，来解决这个地点存在的问题。她家的房子位于山上，露台朝西，因此在户外用餐就意味着要承受风吹。

　　多尔特和她老公用回收的旧窗户建造了墙体，而这些窗户是她朋友房子翻新时扔掉的。建这些墙的主要目的是防风，一个受欢迎的副作用是它们也可作为温室，提供遮蔽和保温空间，并可以利用这个地点种植西红柿。一棵橄榄树下种着海石竹，在这个遮蔽处也生长茂盛。结构框架被漆成黑色和白色，太阳能结彩灯沿着窗户悬挂着，这样即使在晚上也可以待在该空间。在框架的入口处，她建造了一个大型种植箱，并种满香草。它还充当栅栏，将这个区域与下面的低层花园分开。她梦想有一天为该结构覆上玻璃屋顶，可以一年四季使用。

最重要的窍门

一辆金属手推车上放着装满贝壳和鹅卵石的玻璃罐，而金属托盘则摆放着植有莲花掌属植物和常春藤的花盆。

制作植物印花餐巾

　　这是保存夏日记忆的有趣方式。使用马鞭草、天竺葵、金盏花、香豌豆花、玫瑰花瓣与黄千屈菜，再用诸如樱桃和覆盆子等水果，来增添粉色与红色等鲜亮的色彩。裁剪一块50厘米见方的织物或者纯棉布，放入水中浸湿。把方布置于水平表面上，将鲜花与水果（要能打碎的）放在湿布上，沿一边卷起，裹住鲜花与水果。放置到一块木板上，再用锤子用力捶打，把花瓣与水果打碎。摊开布料，把鲜花与水果抖落，再把餐巾悬挂晾干。干燥后，给每一边都缝上摺边，熨烫固色。使用后用冷水清洗。

这套经典的餐桌椅组合防雨性能愈佳，效果愈好（左图）。芫荽／芫荽叶、欧芹、迷迭香和生食叶菜随时可以加入菜中（上图）。这些不锈钢架因为不易生锈而成为不错的选择，柳条筐则成为实用的收纳用品。

露天厨房

露天烹煮和户外盛宴

　　花园厨房十分流行，甚至在适合户外用餐的天气得不到保证的乡村也建花园厨房。如果预算允许，你可以搭建一个全功能厨房，配上室内厨房所有的一切物品。可能性是无穷尽的，许多公司提供全套设计服务，以荷兰公司 WWOO 为例，在许多设计中使用混凝土架子，放置烹制户外盛宴所需的一切，包括厨房水槽。

　　在瑞典，马尔姆（Anna Malm）为家人打造了一个烹煮和放松的空间。她的室外操作台就设置在室内厨房的墙上，这样水管可以延伸至室外水槽。如果你喜欢在室外烹煮，但又不愿意做永久投资，那就建一个夏日临时厨房空间——使用一组金属架或手推车来放置陶制餐具和其他厨房用具，在烧烤区旁放一张桌子，作为一个操作台，然后围绕这个区域摆放若干盆香草。

最重要的窍门

将室外厨房设置在花园里有部分遮挡的区域，这样它就能在大多数天气里使用啦。

自己种植瓜果蔬菜

因为没有什么能比家产的更美味

自给自足的满足感

这些菜豆苗是从去年收获的菜豆作为种子培育出来的，已经充分准备好从舒适的温室移植到外面的地里，接受阳光的洗礼（左上图）。在丹麦，花园设计师多尔特·奎斯特在温室成功地种出桃树（上图）。高山草莓是我最爱种的水果（右上图）——它们需要极少养护，而且每年都会长出新茎，可以扦插到盆里繁育出新植株。

有句谚语说〝没有什么能比家产的更美味〞，从我的经验来说我必须赞同。我喜欢自己种水果、蔬菜和香草，还在花园尽头的部分土地上种食用作物。我老公在阳光充足的地方建了两个大型种植床；目前，其中一个里面种着草莓和食用大黄，而另一个每年轮种各种东西（这对土壤有益，也允许我们实验种植不同的蔬菜——常常是学习体验！）。我们也栽种树莓、黑莓、蓝莓和红醋栗，而且幸运的是，我们花园已经定植了李树、苹果树和无花果树，每年它们都果实累累。除了美味的水果，额外的收获是美丽的春季花展——我们近期栽种了一棵樱桃树，我已经等不及看它第一次花满枝头的样子了。

如果你有空间，自己种些可食用的东西也是很棒的尝试，因为这对环境无害（减少食物里程），成本低，难度不大，而最重要的是，非常美味。如果你只有一个小花园，或者你只是在阳台上栽种，不妨在盆中种些香草，或一些草莓或一株西红柿。你将惊讶于不需要全尺寸的花园就能栽种这么多东西，而且你很快就发现，这变成让人欲罢不能的爱好。

十大易栽培型蔬菜

这些是我的最爱，年复一年地栽种

其他的好处

自己种植的两大好处：一是可与邻居朋友分享自己的劳动成果，尤其当你收获颇丰时；二是利用刚收获的蔬菜尝试新菜品。种植适合你花园情况的蔬菜，不要害怕尝试。

1. 茴香

当我们搬到这个家时，我在土里撒了些茴香籽，然后就忘了它们，直至我注意到一个带有毛茸茸的梗的芽儿从土里探出头来。我采摘了一些茴香食用，也留了一部分结籽。茴香籽部分用来食用，另一部分自行落到土里，待到第二年发芽，长出新的茴香。

2. 胡萝卜

我直接将胡萝卜籽撒到种植床里，然后覆上一层薄薄的土。当嫩芽长出时，需要间苗，然后就是耐心地等待它们长大。它们总是很新鲜和甘甜。

3. 豌豆

自家种的豌豆有甜甜的味道，是冷冻后的豌豆所无法媲美的。豌豆的花像没有香味的麝香甜豌豆的花，但是没有香味，它看起来很漂亮，口感也很好。

4. 南瓜

我有关童年的记忆之一就是帮奶奶从菜园里摘南瓜。黄色品种是我的最爱，因为它吃起来像黄油。

5. 洋葱

差不多每家都会种上一些。它们喜温暖和阳光充足的地方。

6. 沙拉叶菜

生菜口感脆脆的。它生长速度快，且易于从种子培育。运用"多次收割"方法，掰掉外围的叶子，让中心部分继续长出新的叶子，这样一个夏季都能收获不断。

7. 大蒜

最好在深秋或早冬种上。把大蒜头掰开，将各个蒜瓣种到表层土下，株距 15 厘米，行距 30 厘米。

8. 黄瓜

我承认，我买了一株在温室里培育的黄瓜苗。我直接把它种在蔬菜田里，并每晚浇水。去年，一株黄瓜就结了 20 根黄瓜。

9. 西红柿

西红柿易于栽培，你甚至不需要一个花园——樱桃可以种在窗台花箱里，同时成长袋是平台或阳台种植的完美之选。

10. 香草

严格说来，它们不是蔬菜，但它们不能被忽略，因为它们有独特的香味。我通常在花盆里种些薄荷，因为它蔓延速度很快。

制作花草鸡尾酒

我喜爱制作和饮用花草鸡尾酒——它们不仅口感不错，颜值也很高，它们也将是任何花园聚会的一个话题。在一个大玻璃壶里，将优质的杜松子酒、接骨木甜酒、苹果汁和柠檬汁混合在一起，然后加些冰。为呈现完美的装饰效果，添加一些新鲜的百里香和撒尔维亚叶及食用花——这里，我用的是薰衣草的花尖和矢车菊——然后向玻璃杯里再加一些水。我钟情于老式的透明的刻花平底玻璃杯。如果不想饮用含酒精饮品（或给孩子饮用），直接不加杜松子酒即可。使用鲜花之前，通常要摇一摇，以确保花瓣之间没有潜伏着小虫子。

使用种植床养花种菜

　　菜田既实用又美观，而且种植床使得除草、播种和收获更容易。我老公利用脚手架板制作了种植床——左边你能看到里面种满小香葱和沙拉叶菜，后面搭建了供豌豆和菜豆攀爬的网架。首先，我们清理地面，挖出所有杂草的根部，然后制作两个种植床，再填上优质的种植土。每个种植床周边都铺设了鹅卵石路，使得在任何天气进出花园都很方便。每年冬天，我们都给种植床施上肥料和自制堆肥，提升土壤肥力。我们也在容器里种蔬菜，并发现旧水槽是理想的容器（下图），因为它们有一定深度，且看起来很漂亮。我们还回收了一个旧手推车——这里种上了土豆。

分片种植很重要

　　我感觉自己与分片种植有些渊源，因为我爷爷、爷爷的哥哥和我爸爸曾在一块田里为家人种蔬菜。图中所示的是我见过的最有创意的分片。豌豆有细树枝支撑，黄瓜围绕着一个旧木梯生长，旱金莲则交错穿插生长。

制作漏印版植物铭牌

　　植物铭牌有助于我们记得播种过什么种子。制作这些铭牌，需要木模（我从 DIY 店买的木条）、锯子、字板和白色马克笔。将木头锯成 25 厘米长，砍掉一端的两个角，这样就形成一个尖儿，容易插入土里。最后用字板和白色马克笔在木条上写上植物的名称就大功告成了。

制作石板瓦和木标识牌

　　这些时尚的标识牌，是温斯坦利（Marc Winstanley）手工制作的。使用回收的石板瓦（如破旧的屋顶瓦），或者（运货用的）托盘，无成本或成本很低。将托盘锯成木条，尺寸大致为 4 厘米 ×35 厘米，再在一端砍出一个尖儿。用瓷砖切割机将石板瓦切成 18 厘米 ×12 厘米大小的片儿。在石板瓦两长边中间钻出螺丝钉孔，磨掉任何尖锐的角，然后用螺丝钉将其固定在木条没有尖儿的一端。最后，用粉笔在上面写上所种瓜果蔬菜的名称。

最重要的窍门

为自行车装饰上柳篮，或在行李架上放上一个种满花儿的箱子，其中有舟形乌头、风铃草、大丽花、屈曲花、锦葵和波斯菊。

151

材料来源

植物店、花店和园艺中心

英国

Buckets of Blooms
www.bucketsofblooms.co.uk
Flower growers in Hampshire, specializing in seasonal cut flowers for weddings and celebrations. Their beautiful fresh blooms are also sold by the bucketful.

Burford Garden Company
Shilton Road
Burford
Oxfordshire OX18 4PA
www.burford.co.uk
This stylish garden centre in the heart of the Cotswolds also offers rustic-chic homewares and a gift shop, café and art gallery.

David Austin Roses
Bowling Green Lane
Albrighton
Wolverhampton WV7 3HB
www.davidaustinroses.com
Breeders of old English roses. Visit their fabulous rose garden in Shropshire.

Moutan Garden
Newlyns Farm Shop
Lodge Farm
North Warnborough
Hook
Hampshire RG29 1HA
www.moutan.co.uk
Lovely garden gift shop selling plants, flowers, garden furniture and accessories plus gifts and homewares.

Petersham Nurseries
Church Lane
Off Petersham Road Richmond
Surrey TW10 7AB
www.petershamnurseries.com
An inspiring shop and nursery selling gorgeous gardenalia and plants plus a teahouse and restaurant, all in a magical setting.

The Royal Horticultural Society
www.rhs.org.uk
The RHS owns four major gardens around the UK that can be visited for inspiration. Their famed flower shows include the prestigious Chelsea Flower Show, held every May since 1912.

Sarah Raven's Garden and Cookery School
Perch Hill Farm
Willingford Lane
Brightling
Robertsbridge TN32 5HP
www.sarahraven.com
A wide and wonderful range of seeds, bulbs, plants and gardening kits as well as garden, food and cookery courses. Check the website for open days.

Scarlet & Violet
79 Chamberlayne Road
London NW10 3JJ
scarlet-violet.myshopify.com
An inspiring florist offering amazing bouquets made from fresh flowers, and a place full of botanical scents, chatter and creativity.

瑞典与丹麦

Blomsterskuret
www.blomsterskuret.dk
A pretty little flower shed in Copenhagen selling fresh blooms, plants and accessories.

Löddeköping Plankskola
www.plantis.org
A stylish Swedish garden centre with an array of plants, pots and garden decorations in an inspiring setting.

Rosendals Trädgård
www.rosendalstradgard.se
Rosendals Garden Foundation espouses biodynamic farming practices. They also have a fabulous shop and cafe and offer events and workshops as well as 'pick your own' flowers in the summer months.

Zetas Trädgård
www.zetas.se
I enjoyed visiting Zetas near Stockholm, Sweden. They sell plants, garden furniture and home accessories and their store is styled beautifully.

美国

Terrain
www.shopterrain.com
Gorgeous home and garden furniture, containers and plants. They have a few stores in the US and I'm hoping to visit them all, but in the meantime I love following them on Pinterest @terrain.

Urban Garden Centre
www.urbangardennyc.com
New York's largest garden centre; a resource for plants, seed, tools and accessories.

园艺老物件和户外家具

&Hobbs
www.andhobbs.com
Libby Hobbs, the woman behind this independent store, has a great eye for unusual pieces and celebrates local makers and designers.

The Country Brocante
Griffin House
West St
Midhurst
West Sussex GU299NQ
www.countrybrocante.co.uk
Vintage items for home and garden. They also host fairs and brocantes, bringing together different dealers.

Packhouse
Hewett's Kilns
Tongham Road
Runfold
Farnham GU10 1PJ
www.packhouse.com
A unique lifestyle store offering an ever-changing array of gardenalia and vintage buys for the garden.

园艺老物件和户外家具网店

Crocus
www.crocus.co.uk
Online garden centre offering a wide variety of furniture, accessories and equipment as well as plants and horticultural supplies.

Fermob
www.fermob.com French
outdoor furniture manufacturer.

Garden Trading
www.gardentrading.co.uk
Stylish garden accessories,
storage, and furniture.

Greige
www.greige.co.uk
Garden furniture and
decorative accessories,
including jute outdoor rugs,
lanterns and hammocks.

Grythttan Stålmöbler
www.grythyttan.net
Swedish garden furniture
company offering chic and
streamlined designs.

Manufactum
www.manufactum.co.uk
German retailer selling elegant,
minimalist home
and garden products.

花园配饰

anthropologie
www.anthropologie.com
Unique plant pots, vases and
wares for home and garden.

Basil and Ford
www.basilandford.com
Neon screen-printed botanical
prints and homewares.

Basket Basket
www.basketbasket.co.uk
Baskets of all shapes and
sizes, all of them eco-friendly,
handmade and fairly traded.

BoråsTapeter
www.borastapeter.se
Classic, modern and inspiring
wallpaper designs since 1905.

Bloomingville
www.bloomingville.com
Stylish Nordic home and
garden accessories.

Fabulous Vintage Finds
www.fabulousvintagefinds.
co.uk
Zinc containers, stone urns,
planters, benches, French
café tables and chairs for the
garden. Check their website for
upcoming fairs and events.

House Doctor
www.housedoctor.dk
Decorative pots and vases.

Little Greene
www.littlegreene.com
A lovely collection of colours.

Nadin Nöbom
www.nadianorbom.com
Nadia is an illustrator and
florist at Rosendals Trädgård,
where she finds inspiration
for her pictures and prints.

The Old Yard
www.theoldyard.co.uk
Vintage, industrial and
bespoke furniture, lighting and
decorative items.

Plankbridge
www.plankbridge.com
Bespoke shepherd huts
handmade in Dorset, UK.

TineKHome
www.tinekhome.com
Stylish garden furniture
and accessories.

花园灯具

Lights4fun
www.light4fun.co.uk
Fantastic range of outdoor
lighting to suit all gardens.

Love Inc
www.loveincltd.co.uk
LED Neon lighting for both the
home and garden.

INSPIRING GARDEN STYLE INSTAGRAMMERS

@krullskrukker
@Meltdesignstudio
@arstidensbasta
@vilasmedsbo
@janecumberbatch
@thelittleredrobin
@gertrudsrum
@lenasskoghem
@vildevioler.dk
@_garaget
@clausdalby
@florista_malmo
@lobsterandswan
@familjengron
@hakesgard
@mariekenolsen

@cathy.pyle
@the_bowerbird
@purplearea1
@gandgorgeousflowers
@shopterrain
@zetastradgard
@lavenderandleeks
@Floramorkrukatos
@petershamnurseries
@cat.persson
@inspirationalordinarydays
@annae1969
@purpleeara1
@foundandfavour
@themontydon
@mhairi-stella

图片来源

Endpapers The home and garden of Russ and Louise Grace; 1 The home and garden of Catarina Persson in Sweden; 2–4 Styled by Selina Lake at her home; 5ar & bl The garden of Susann Larsson in Lomma, Sweden; 5 br The home and garden of Lena Wallin in Sweden; 6 The home and garden of Russ and Louise Grace; 7 The family home and garden of Clara Sewell-Knight; 8–9 The garden of Anna Malm in Sweden; 10 ac ph. Selina Lake/her own garden; 10 ar The garden of Anna Malm in Sweden; 10 bl ph. Selina Lake/Mant Shop, Copenhagen; 10 br ph. Selina Lake/Blomsterkuret, Copenhagen; 10–11 c Burford Garden Company www.burford.co.uk; 10–11 b The home and garden of Charlotta Jörgensen in Lomma, Sweden; 11 al Styled by Selina Lake at her home; 11 ar ph. Sussie Bell/National Garden Scheme – The Old Rectory, Farnborough www.ngs.org.uk; 11 ac The home and garden of Catarina Persson in Sweden; 11 c ph. Courtesy of Green & Gorgeous Flower Farm; 11 b Mhairi-Stella Illustration www.mhairi-stella.com; 11 br Styled by Selina Lake at her home; 12 Photo courtesy of Mayfield Lavender Ltd www.mayfieldlavender.com; 13 ph. Debi Treloar/David Austin Roses www.davidaustinroses.co.uk; 14 l ph. Courtesy of Danish Horticultural Society/'Wild and wonderful urban oasis' designed by Dorthe Kvist, meltdesignstudio.com; 14 r ph. Heather Edwards/GAP photos–Garden Design: James Callicott; 15 Eriksdal Lunden Allotment Gardens www.eriksdalslunden.se; 16 Stiftelsen Rosendals Trädgård www.rosendalstradgard.se; 17 ph. Courtesy of Green & Gorgeous Flower Farm; 18 al ph. www.marimoimages.co.uk /Petersham Nurseries Café; 18 bl Burford Garden Company www.burford.co.uk; 18 ar ph. Stephanie Wolff Photography www.stephaniewolff.co.uk/Petersham Nurseries; 18 br & 19 Zetas Trädgård www.zetas.se; 20 l ph. Hallam Creations/Shutterstock.com; 20 r ph. Anton U/Shutterstock.com; 21 al ph. Polly Wreford; 21 ar The home and garden of Russ and Louise Grace; 21 br ph. Tatiana Makotra/Shutterstock.com; 22 al ph. E Kramar/Shutterstock.com; 22 ar ph. Ioana Rut/Shutterstock.com; 23 al Styled by Selina Lake at her home; 25 ar ph. Kim Lightbody; 23 br ph. Predrag Lukic/Shutterstock.com; 24–25 Stiftelsen Rosendals Trädgård www.rosendalstradgard.se; 26 ar Stiftelsen Rosendals Trädgård www.rosendalstradgard.se; 26 bl The home and garden of Charlotta Jörgensen in Lomma, Sweden; 27 The garden of Debbie Smail, West Sussex; 28 b The London home of the interiors blogger Katy Orme(apartmentapothecary.com; 29 The home and garden of Lena Wallin in Sweden; 32 Dorthe Kvist garden designer, author and blogger; 33 al & ac The home and garden of Catarina Persson in Sweden; 33 ar The home and garden of Charlotta Jörgensen in Lomma, Sweden; 34–35 Styled by Selina Lake at her home; 36 & 37 al The garden of Anna Malm in Sweden; 37 ar Styled by Selina Lake at her home; 37 bl The home and garden of Catarina Persson in Sweden; 38 l & r The home and garden of Lena Wallin in Sweden; 38 c & 39 The home and garden of Catarina Persson in Sweden; 40 Styled by Selina Lake at her home; 41 al The home and garden of Lena Wallin in Sweden; 41 br Stiftelsen Rosendals Trädgård www.rosendalstradgard.se; 42 The garden of Debbie Smail, West Sussex; 43 Dorthe Kvist garden designer, author and blogger; 44 The garden of Debbie Smail, West Sussex; 45 Styled by Selina Lake at her home; 46 l The home and garden of Catarina Persson in Sweden; 46 r The garden of Debbie Smail, West Sussex; 47 l Styled by Selina Lake at her home; 48 l The garden of Anna Malm in Sweden; 48 r The home and garden of Lena Wallin in Sweden; 49 The garden of Debbie Smail, West Sussex; 52 The family home and garden of Clara Sewell-Knight; 53 The garden of Susann Larsson in Lomma, Sweden; 54–55 Styled by Selina Lake at her home; 55 r The home and garden of Charlotta Jörgensen in Lomma, Sweden; 56 Styled by Selina Lake at her home; 57 The garden of Susann Larsson in Lomma, Sweden; 58 l The garden of Debbie Smail, West Sussex; 58 r Dorthe Kvist garden designer, author and blogger; 59 al The family home and garden of Clara Sewell-Knight; 59 ar & bl The home and garden of Russ and Louise Grace; 59 br The family home and garden of Clara Sewell-Knight; 60 al The family home and garden of Clara Sewell-Knight; 60 ar The garden of Debbie Smail, West Sussex; 60 br The home and garden of Russ and Louise Grace; 61 l The garden of Anna Malm in Sweden; 61 r The home and garden of Lena Wallin in Sweden; 62 al ph. Debi Treloar; 66–67 Stiftelsen Rosendals Trädgård www.rosendalstradgard.se; 68 al Styled by Selina Lake at her home; 68 ar Stiftelsen Rosendals Trädgård www.rosendalstradgard.se; 68 bl The home and garden of Charlotta Jörgensen in Lomma, Sweden; 68 br & 69 Styled by Selina Lake at her home; 72 Styled by Selina Lake at her home; 74 al Styled by Selina Lake at her home; 74 ar The garden of Debbie Smail, West Sussex; 75 al Dorthe Kvist garden designer, author and blogger; 75 ar The home and garden of Charlotta Jörgensen in Lomma, Sweden; 76 Styled by Selina Lake at her home; 78 al & ar The home and garden of Russ and Louise Grace; 78 b Dorthe Kvist garden designer, author and blogger; 79 The home and garden of Russ and Louise Grace; 80 The garden of Debbie Smail, West Sussex; 81 l The home and garden of Russ and Louise Grace; 81 r The garden of Debbie Smail, West Sussex; 82–83 Stiftelsen Rosendals Trädgård www.rosendalstradgard.se; 86–87 The home and garden of Charlotta Jörgensen in Lomma, Sweden; 90 The summerhouse of photographer Cathy Pyle www.cathypyle.com; 91 l Styled by Selina Lake at her home; 91 r The summerhouse of photographer Cathy Pyle www.cathypyle.com; 92–94 The home and garden of Lena Wallin in Sweden; 95 l & 95 ar Dorthe Kvist garden designer, author and blogger; 95 br Styled by Selina Lake at her home; 96–97 Stiftelsen Rosendals Trädgård www.rosendalstradgard.se; 98 The garden of Susann Larsson in Lomma, Sweden; 99 l The family home and garden of Clara Sewell-Knight; 99 c Eriksdal Lunden Allotment Gardens www.eriksdalslunden.se; 99 r The garden of Susann Larsson in Lomma, Sweden; 102 al Styled by Selina Lake at her home; 102 br The garden of Anna Malm in Sweden; 103 Styled by Selina Lake at her home; 104 a, bl & bc The garden of Anna Malm in Sweden; 105–107 The garden of Debbie Smail, West Sussex; 108–109 The garden of Anna Malm in Sweden; 110–111 Styled by Selina Lake at her home; 112–113 l Dorthe Kvist garden designer, author and blogger; 113 r The home and garden of Lena Wallin in Sweden; 114–115 The home and garden of Catarina Persson in Sweden; 116–117 Mhairi-Stella Illustration www.mhairi-stella.com; 118 The garden of Susann Larsson in Lomma, Sweden; 119 The home and garden of Catarina Persson in Sweden; 120 l Dorthe Kvist garden designer, author and blogger; 120 r & 121 The garden of Susann Larsson in Lomma, Sweden; 122 Dorthe Kvist garden designer, author and blogger; 123 l Stiftelsen Rosendals Trädgård www.rosendalstradgard.se; 124 Dorthe Kvist garden designer, author and blogger; 125 The home and garden of Lena Wallin in Sweden; 126 al & ac The garden of Anna Malm in Sweden; 126 ar & 127 The home and garden of Catarina Persson in Sweden; 128–129 Styled by Selina Lake at her home; 132–133 Styled by Selina Lake at her home; 134–136 Dorthe Kvist garden designer, author and blogger; 137 al & br Dorthe Kvist garden designer, author and blogger; 137 ar ph. Selina Lake/her own garden; 138–139 Stiftelsen Rosendals Trädgård www.rosendalstradgard.se; 140–141 The garden of Anna Malm in Sweden; 142 The home and garden of Charlotta Jörgensen in Lomma, Sweden; 143 l Styled by Selina Lake at her home; 143 c Dorthe Kvist garden designer, author and blogger; 143 r ph. Tara Fisher; 144 ph. Tara Fisher; 145 ph. Emma Mitchell; 146 l & br The home and garden of Russ and Louise Grace; 146 ar ph. Tara Fisher; 147 al The home and garden of Lena Wallin in Sweden; 147 ar Styled by Selina Lake at her home; 147 b The home and garden of Russ and Louise Grace; 148–151 The home and garden of Russ and Louise Grace; 153 The home and garden of Charlotta Jörgensen in Lomma, Sweden; 155 Stiftelsen Rosendals Trädgård www.rosendalstradgard.se; 156 Stiftelsen Rosendals Trädgård www.rosendalstradgard.se.

案例来源

Selina Lake
Author and stylist
www.selinalake.co.uk
IG and Pinterest: @selinalake
Pages 2–4, 10 ac, 10 bl, 10 br, 11
al, 11 br, 23 al, 34, 35, 37 ar,
40, 45, 47 l, 54, 55, 56, 68 al, 68
br, 69, 72, 74 al, 76, 91 l, 95 br,
102 al, 103, 110–111, 128, 129,
132, 133, 137 ar, 143 l, 147 ar.

Eriksdal Lunden
Allotment Gardens
www.eriksdalslunden.se
Pages 15, 99 c.

Russ & Louise Grace
The Little Red Robin
Artisan garden frames, plant
supports and flowers
www.thelittleredrobin.com
E: info@thelittleredrobin.com
Endpapers, pages 6, 21 ar,
59 ar, 59 bl, 60 br, 78 al, 78 ar, 79,
81 l, 146 l, 146 br, 148–151.

Charlotta Jörgensen
IG: @inspirationordinarydays
www.bo-laget.se
Pages 10, 11 b, 26 bl, 33 ar,
55 r, 68 bl, 75 ar, 86, 87, 119,
142, 153.

Dorthe Kvist
Garden designer, author
and blogger
Designer/Founder
MELTdesignstudio
T: +45 2615 2906
E: dk@meltdesignstudio.com
www.meltdesignstudio.com
IG: @meltdesignstudio
Pages 32, 43, 58 r, 75 al, 78 b,
95 l, 95 ar, 112, 113 l, 120 l, 122,
124, 134–136, 137 al, 137 br,
143 c.

Susann Larsson
IG: @purplearea1
E: susann@purplearea1.com
www.purplearea.se
Pages 5 ar, 5 bl, 53, 57,
98, 99 r, 118, 120 r, 121.

Anna Malm
IG: @Annae1969
Pages 8–9, 10 ar, 36, 37 al,
48 l, 61 l, 102 br, 104 a,
104 bl, 104 bc, 108–109,
126 al, 126 ac, 140, 141.

Mhairi-Stella
Illustration
www.mhairi-stella.com
Pages 11 b, 116, 117.

Catarina Persson
IG: @cat.persson
Facebook: trädgårdsfröjd
Pages 1, 11 ac, 33 al, 33 ac, 37
bl, 38 c, 39, 46 l, 114, 115, 126
ar, 127.

Cathy Pyle
Photographer
www.cathypyle.com
Pages 90, 91 r.

Clara Sewell-Knight
IG: @foundandfavour
Pages 7, 52, 59 al, 59 ar,
59 bl, 59 br, 60 al, 99 l.

Debbie Smail
IG: @the_bowerbird
Pages 27, 42, 44, 46 r, 49, 58 l,
60 ar, 74 ar, 80, 81 r, 105–107,
147 b.

Stiftelsen Rosendals
Trädgård
Rosendalsterrassen 12
115 21 Stockholm
Tel. 08 545 812 70
info@rosendalstradgard.se
www.rosendalstradgard.se
Pages 16, 24, 25, 26 ar, 41 br,
66, 67, 68 ar, 82, 83, 96, 97, 123
l, 138–139, 155, 156.

Lena Wallin
IG: @lenasskoghem
Pages 5 br, 29, 38 l, 38 r,
41 al, 48 r, 61 r, 92–94,
113 r, 125, 147 al.

Zetas Trädgård
www.zetas.se
Pages 18 br, 19.

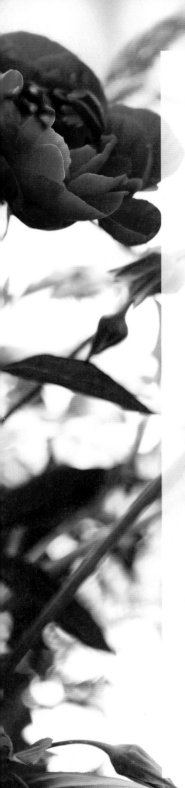

致　谢

　　这是我的第八本书。本书能够出版，我很高兴。非常感谢 RPS 出版社团队的所有成员让本书面世。在撰写本书的过程中，我从始至终都很愉快，而且我也喜欢运用我的园艺设计技能在迷人的地方创建各式漂亮的花园景致和户外房间。雷切尔·怀廷，你用你的摄影作品完美抓住了这本书的灵魂，与你再次合作很愉快——我们一起的旅途充满了乐趣。感谢你拍下那些美好的图片并且留下这个圆满夏日的有趣回忆。

　　本书写作过程中，最棒的事情可能就是造访美妙的花园，同时还遇到众多大方且充满创意的园艺师。感谢花园园主们——我真的从你们所有人那里汲取了灵感。也感谢你们提供园艺窍门、植物扦插，以及用自家种植的东西烹饪的美味午餐。

　　我还要感谢所有的花店、花园中心和公司，你们为我提供了书中展示的花架、植物与家具。十分感激那些通过社交媒体支持我的工作和项目的人。我诚挚感谢你们留下有趣的评论、点赞与表达对书的喜爱，我希望看到你们自己的花园设计图片——请通过社交媒体添加 @selinalake#gardenstyle 标签与我互动。

　　最后，感谢我的父母一直以来给我的支持（感谢你们在我们外出的时候照看花园）。同样，感谢我的外婆多琳·霍华德 - 贝利斯，在我小时候就给我提供园艺灵感；感谢我的朋友苏茜·贝尔提供的植物与建议；感谢我的丈夫戴夫把我们的户外空间改造为花园——与你共同打造花园是最棒的经历。爱你。

译后记

　　本书是一本关于花园装饰的书，涉及了花园的方方面面，希望读者从中汲取装饰灵感，打造出属于自己的梦想之地。

　　在翻译过程里，我尽可能多地查阅了有关花卉和植物的术语，以尽量做到准确。在一些术语的翻译上，周莎给予了很大的帮助，在此表示感谢。